全国职业院校"十二五"土建类专业系列规划教材

总主编◎张齐欣

建筑工程制图与识图

JIANZHU GONGCHENG ZHITU YU SHITU

主 编/张齐欣 段淑娅

副主编/黄 翔 王 萌

合肥工业大学出版社

图书在版编目(CIP)数据

建筑工程制图与识图/张齐欣,段淑娅主编.—合肥:合肥工业大学出版社,2014.8
(2022.9 重印)

ISBN 978 - 7 - 5650 - 1910 - 4

Ⅰ.①建…　Ⅱ.①张…②段…　Ⅲ.①建筑制图—识别—高等学校　Ⅳ.①TU204

中国版本图书馆 CIP 数据核字(2014)第 179210 号

建筑工程制图与识图

张齐欣　段淑娅　主编　　　　　责任编辑　张择瑞

出　版	合肥工业大学出版社	版　次	2014 年 8 月第 1 版
地　址	合肥市屯溪路 193 号	印　次	2022 年 9 月第 4 次印刷
邮　编	230009	开　本	787 毫米×1092 毫米　1/16
电　话	综合图书编辑部:0551 - 62903204	印　张	9.75
	市 场 营 销 部:0551 - 62903198	字　数	219 千字
网　址	www.hfutpress.com.cn	印　刷	安徽联众印刷有限公司
E-mail	hfutpress@163.com	发　行	全国新华书店

ISBN 978 - 7 - 5650 - 1910 - 4　　　　　　　定价:21.00 元

总　序

当前,职业教育正处在逐步规范、有序、快速发展时期,国家已经颁布高职院校专业标准,中职院校的专业标准也行将出台,各省紧随其后,专业教学标准和教学指导方案呼之欲出,课程标准也在逐步制订、修改和完善中。教材作为职业教育改革的重要工具,其教学地位也越来越引起职业院校的高度重视。

建筑业作为我国国民经济的支柱产业,建筑类职业人才培养问题显得尤为突出。作为一种劳动密集型产业,建筑业本身就存在人员流动大、技能和整体素质偏弱的结构性缺陷。随着计划经济向市场经济的转变,建筑类企业也热衷将更多的精力用于从事生产和经营,人才培养问题往往被边缘化,当发展到一定规模,缺乏技能操作型、高层次和复合型人才常常成为制约企业发展的瓶颈。美国管理大师德鲁克就认为:"所谓企业管理最终就是人力管理,人力管理就是企业管理的代名词。"可以说,从业人员素质的高低,直接影响到建筑产品质量的最终形成;支撑企业发展和壮大的核心,最终还是人才的力量。因此,在人才强企已成共识的背景下,职业能力的培养显得越来越重要。

近年来,全国建筑类职业院校积极探索教育教学改革,不断创新教育教学模式,采取"走出去、请进来"的办法,开展"工学结合、校企合作",建立"双师素质"教师队伍,改革传统教学方法,广泛采用项目化教学、案例教学、多媒体教学、现场教学、仿真教学等手段,促进学生综合职业能力的提高,努力实现学生"零距离"上岗。

依据《国家中长期人才发展规划纲要(2010—2020 年)》、教育部和住建部《关于实施职业院校建设行业技能型紧缺人才培养培训工程的通知》等文件的有关要求,结合国家相关专业教学指导方案,我们组织国内长期从事土建类职业教育的专家、一线专业教师和建设行业从业人员编写了本套教材。系列教材采用"以就业为导向、以能力为本位、以提高综合素质为目的"的教育理念,按照"需求为主、够用为度、实用为先"的原则进行编写。

系列教材的主要特点是:(1)改革了传统的以知识传授为主的编写方式,结合工程实际,采用"教材内容模块化、教学方式项目化",即以工程项目、工作任务、工作过程、职业岗位、职业范围、职业拓展为主线进行编写,突出"做中学、学中做、做中教"的职业特色,充分体现"以教师为引导、学生为主体"的原则,以实现三大目标:知识目标、能力目标、素质目标。(2)教材的编写还注重结合现行专业标准、专业规范要求,内容上注重体现"新技术、新方法、新设备、新工艺、新材料"。(3)教材结构体系上注重实现"专业与产业、企业、岗位对接;课程内容与职业标准对接;教学过程与生产过程对接;学历证书与职业资格证书对接;职业教育与终身学习对接"的新教学理念,最终落脚点是促进学生的职业生涯发展,适应新经济环境下的职业教育发展大趋势。(4)本系列教材设计新颖、内容生动,由浅入深、循序渐进,采用图表结合的方式,直观明了、形象具体和贴近实际,易于教学和自学。

该套系列教材在理论体系、组织结构和表现形式方面均作了一些新的尝试,以满足不同学制、不同专业、各类建筑类培训和不同办学条件的教学需要。同时,该系列教材的出版,希望能为全国土建类职业院校的发展和教学质量的提高以及人才培养产生积极的作用,为我国经济建设和人才培养做出应有的贡献,也希望有关专家、学者以及广大读者多提宝贵意见和建议,使之不断完善和提高。

张齐欣

2014 年 7 月

前　言

"建筑工程制图与识图"是建筑工程类专业的核心课程之一,在整个专业课程体系中起着重要的桥梁纽带作用,也是一门建筑制图理论和建筑识图技能兼具的专业基础课程。本教材在编写过程中,综合考虑了现行职业教育教学的特点,以建筑工程制图和识读技能培养为主线,紧紧围绕着职业岗位活动为导向,进行"教学内容模块化、教学过程项目化"的设计,突出实现"知识目标、技能目标和素质目标"的课程设计理念。课程结构充分采用"以学生为主体、教师为先导、项目任务为载体"组织教学活动,教材的编写充分体现职业院校学生的特点,通过任务驱动、项目导向以及"教、学、做、考核"于一体,培养学生具备建筑工程施工、建筑工程造价、建筑工程监理等专门化业务的基本职业能力,为增强学生的制图和识图能力奠定基础,该书配备对应习题集一本。

本教材采用国家最新规范、规程和标准,按照建筑工程施工图设计顺序和施工现场识读施工图的工作过程,编写内容注重"以应用为目的,以必需够用为度",侧重技能传授,强化实践内容,由浅入深、图文并茂、循序渐进地进行,主要分为投影的相关知识、制图标准的基本规定、组合体的投影、工程形体的表达方式、钢筋混凝土结构图、房屋建筑图六大模块,各模块又设计了与岗位能力相适应的多项工作任务,既相互独立,又相互衔接,增强了学生自主学习、主动学习的积极性。本教材可作为高职、中职院校土建类专业基础课教材,也可作为各类成人高校、社会培训机构岗位培训教材和工程人员自学用书。

本书由安徽建工技师学院、安徽建设学校张齐欣、段淑娅担任主编,副主编为安徽建工技师学院、安徽建设学校黄翔、王萌,参编人员有:安徽建工技师学院、安徽建设学校陈陆龙、王玉平、张晨辰;合肥建设学校徐卫良;淮南市职业教育中心赖凤斌、江梅等老师。安徽建工技师学院、安徽建设学校张齐欣对全书进行了统稿和审核。本书在编写过程中参考了相关文献、资料,在此向这些文献、资料和书籍的作者表示感谢。

由于编者水平有限,书中难免存在不足之处,敬请广大读者批评指正。

编　者
2014 年 7 月

目　　录

模块一 投影的相关知识

模块概述

投影的相关知识包括投影的基本知识,点、线、面的投影,以及基本形体的投影等相关内容。其中投影的原理和概念是我们制图的基础,工程上用各种投影原理所绘制出的图纸,都与投影原理有着千丝万缕的联系。另外点、线、面投影的相关知识是培养空间思维的关键,而基本形体投影的知识是对空间思维的进一步拓展。因此熟练掌握以上内容对后面章节的学习有着非常重要的意义。

知识目标

◆ 掌握投影的基本概念。

◆ 掌握投点、线、面投影的原理和规律。

◆ 掌握基本形体投影的原理和规律。

技能目标

◆ 能够看懂三面投影图。

◆ 能够熟练作出点、线、面的三面投影图。

◆ 能够熟练作出基本形体的三面投影图。

素质目标

◆ 培养学生的思维能力、动手能力以及空间思维能力。

课时建议

理论课时　14 课时

实践课时　6 课时

项目一　投影的基本知识

投影原理是我们绘制投影的基础,而在我们工程里面所用到的一切图纸都是用正投影的原理绘制出来的,所以我们要想熟练地识图和制图,正投影原理就必须熟练地掌握。那为什么工程上所用的图纸绝大部分都是用正投影原理来绘制呢？这是因为我们在日常生活中,虽然经常会看到各种各样的图像和图形。比如摄影图如图1-1-1,效果图如图1-1-2,虽然说它们形象逼真,立体感强,却不能真实反映实体的真实形状和大小,更不能表达设计者的意图,无法指导施工。所以不能用作我们的工程图。

图1-1-1 摄影图   图1-1-2 效果图

而我们用正投影原理所绘制出来的工程图,它的最大特点就是可以如实的反应建筑物的形状和大小。我们在这个如实反映了真实形状和大小的图纸上,再标注上实际的尺寸和一系列相关的技术说明。我们的施工技术人员就可以根据这些图纸建造出合乎设计者要求的房屋来。比如说大家看一个房屋的工程例图如图1-1-3及它的立体图如图1-1-4,这个工程例图也叫三面投影图,这个房屋的三面投影图是分别从不同的角度去看我们的房屋,观看角度包括俯视、正视和侧视。然后再用正投影的方法从不同的方向绘制出来它的投影图。这样绘制出来的投影图就可以反映出房屋的真实形状和大小。从而为我们工程技术人员所用。

那么既然正投影原理在工程制图里面如此的重要,那我们就应该系统地学习一下投影的相关概念和知识。首先我们来看下投影的概念。

一、投影的概念

大家在日常生活中都知道,当光照射在一个物体上,在地上、墙面,或者其他投影面上都会产生该物体的影子,而当光线的照射角度或者距离发生变化时,形体的投影位置,大小形状等也会随之改变。这就是我们常见的投影现象。人们通过总结光线、形体和影子之间的内在联系,从而形成了在平面上作出形体投影的原理和投影作图的基本规则和方法。

1. 投影的组成

形体——空间物体。

投影中心——光源。

投射线——投下影子的光线。从投影中心发出的射线。

投影面——获得投影的平面。

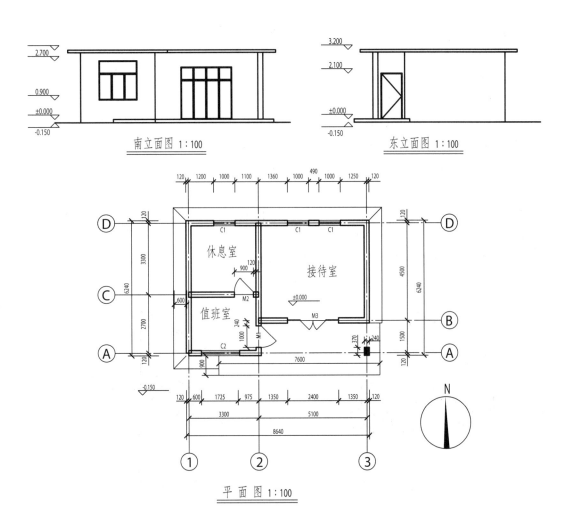

南立面图 1:100   东立面图 1:100

平 面 图 1:100

图 1-1-3 房屋的工程例图

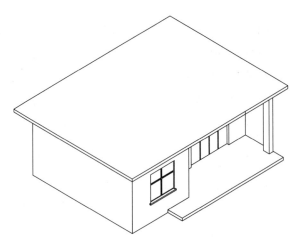

图 1-1-4 房屋的立体图

投影图——通过投射线将物体投射到投影面所得到的图形。即产生的影子。如图1-1-5。

2. 影子和投影的区别

在大自然中，一般空间物体在光线的照射下所得到。影子是灰黑一片的，它只能反映出空间物体的外轮廓。但在我们工程制图里面，光知道建筑的外轮廓是远远不够的，所以我们假定光线可以穿透物体（物体的面是透明的，而物体的轮廓线是不透的），并规定在影子当中，光线直接照射到的轮廓线画成实线，光线间接照射到的轮廓线画成虚线，虚线影子表示那些看不见的轮廓线，则经过抽象后的"影子"称为投影。这样就可将物体的某些内部形状表示出来。如图1-1-6、图1-1-7。

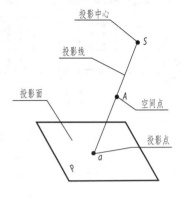

图1-1-5 投影的组成

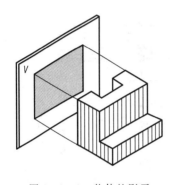

图1-1-6 物体的影子

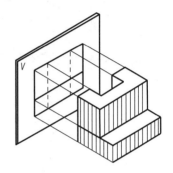

图1-1-7 物体的投影

二、投影的分类

1. 中心投影法

当投影中心 S 距投影面 P 为有限远时，所有的投射线都从投影中心一点出发（如同电灯照射物体），这种投影方法称为中心投影法。它的特点是投影线集中一点 S，投影的大小与形体离投影中心距离有关，如果投影中心和投影面保持不变的距离，形体距投影中心越近，影子越大，反之则小。如图1-1-8。

2. 平行投影法

当投影中心 S 据投影面 P 为无穷远时，投影线按一定方向平行投射，形成柱状的投影线，这种投影称为平行投影，平行投影所得投影的大小与形体离投影中心的距离远近无关。其中，根据投射线与投影面的相对位置的不同，又可分为斜投影法如图1-1-9和正

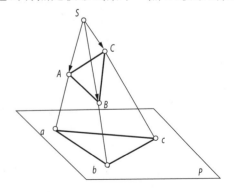

图1-1-8 中心投影法

投影法如图1-1-10两种。

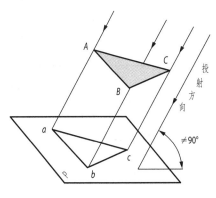

图1-1-9 斜投影法

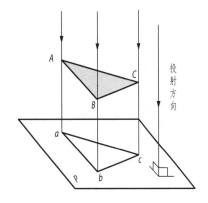

图1-1-10 正投影法

三、工程上常用的投影方法和投影图

1. 透视投影图

透视图是根据中心投影法绘制的,俗称效果图。这种图形和人眼观察物体或投影所得的结果相似,形象逼真,立体感强,可用来作为工艺美术和广告宣传。但是作图很复杂,形体的尺寸不能直接在图中度量,所以它不能做施工图用。在实际当中,一般用来做正投影图的辅助图样。如图1-1-11、图1-1-12。

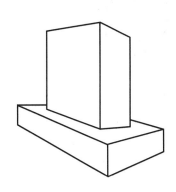

图1-1-11 透视图

图1-1-12 效果图

2. 轴测投影图

轴测投影图是用平行投影法画出的投影图(也称为立面图)。优点:只需要一个投影面就能画出来,立体感强、直观。缺点:作图复杂,表示物体形状不完全。在满足一定的条件下才能直接度量,故一般作正投影图的辅助图样。如图1-1-13。

3. 正投影图

按正投影法在投影面上获得物体的正投影图,它的优点是:作图简单,便于度量,工程上应用最广,但缺乏立体感,无投影知识的人员很难看懂。如图1-1-14。

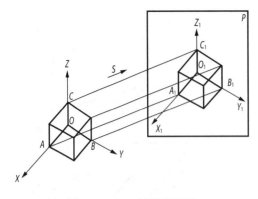

图 1-1-13 轴测投影图

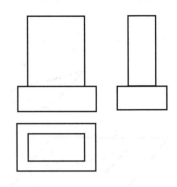

图 1-1-14 正投影图

4. 标高投影图

标高投影图是一种带有数字标识的单面正投影图。在建筑工程上常用来表示地面形状。作图时是用一组带距离的水平面来切割地面,其交线为等高线。将不同高程的等高线投影在水平投影面上,并注出等高线的高程,即为等高线图,也称为标高投影图。如图 1-1-15、图 1-1-16。

图 1-1-15 标高投影图

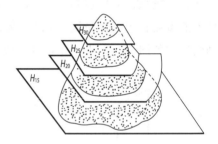

图 1-1-16 标高投影图的形成

四、正投影规律

我们刚刚给大家介绍了这么一些常用的投影方法和我们工程上常用的一些投影图,这些投影图各有各的特点和适用范围。那么在我们刚刚介绍的这些投影方法中,由于正投影具有较好的度量性,因此工程制图的基础主要是正投影法,所以必须先掌握正投影的基本性质(以后除特别指明外,所有投影均指正投影)。

1. 点的正投影规律(图 1-1-17)

2. 直线的正投影规律(图 1-1-18)

(1)直线垂直于投影面,其投影积聚为一点。

(2)直线平行于投影面,其投影是一直线,反

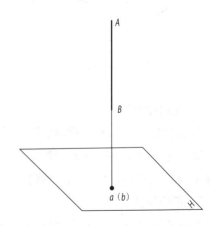

图 1-1-17 点的正投影规律

映实长。

（3）直线倾斜于投影面,其投影仍是一直线,但长度缩短。

3. 平面的正投影规律(图 1-1-19)

（1）平面垂直于投影面,投影积聚为直线。

（2）平面平行于投影面,投影反映平面的实形。

（3）平面倾斜于投影面,投影变形,略小于实形。

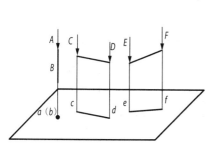

图 1-1-18　直线的正投影规律

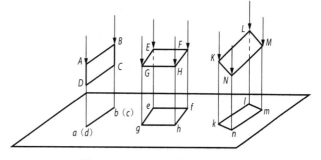

图 1-1-19　平面的正投影规律

五、三面投影图

一栋房屋,一个构件,甚至最简单的长方体,都是具有长、宽、高三个方向度的立体。怎么样在一个平面的图纸上表达出这具有长、宽、高形体的真实形状和大小,又怎么样从投影图想象出物体的立体形状,这是学习制图首先要解决的问题。

六、单面投影

1. 特　点

（1）单面投影只能反映出空间物体的长度和宽度,无法反映高度。

（2）无法判断出形体的唯一形状和大小。

2. 结　论

利用单面投影图无法确定物体的空间形状。如图 1-1-20。

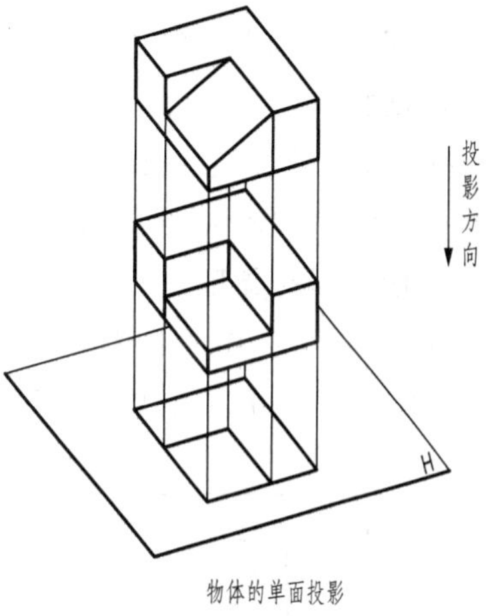

图 1-1-20　物体的单面投影图

七、两面投影

特点:两面投影虽然能反映出空间物体的长度、宽度和高度,但是却不能完全确定空间物体的形状。如图 1-1-21。

八、三面投影

1. 三面投影体系的建立

（1）V、W、H 面两两垂直;

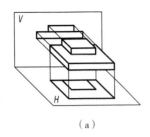
（a）

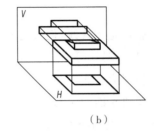
（b）

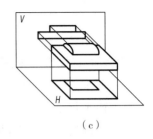
（c）

图 1-1-21　物体的双面投影图

（2）OX、OY、OZ 三轴形成一个空间三维坐标系。

如图 1-1-22。

2. 形体与三投影面的相对位置

把形体的主要表面与三个投影面对应平行，这样作出的投影图既简便，又能反映出形体主要表面的实形。

（1）使形体的前后面平行 V 面；

（2）使形体的上下面平行于 H 面；

（3）使形体的左右面平行于 W 面。

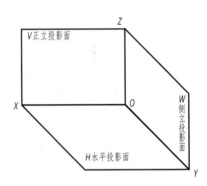

图 1-1-22　空间三维坐标系

3. 投影

将形体上各棱、点（棱与棱的交点）分别用相应的投影线向 H 面、V 面、W 面作正投影，将各投影面上的投影点按一定顺序连成图形，即得形体的三面投影图。如图 1-1-23（a）。

4. 投影面的展开

（1）V 面不动，W 面向右旋转 90°，H 面向下旋转 90°。

（2）OY 轴一分为二，属 H 面的称 Y_H 轴，属 W 面的称 Y_W 轴，如图 1-1-23（b）。

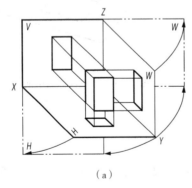
（a）

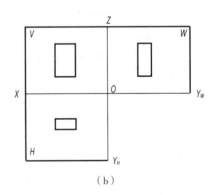
（b）

图 1-1-23　投影面的展开

5. 三面投影图

在实际绘图时，投影面的位置是固定的，投影面的大小是随意取定的，所以在三面投影图中不必画出投影面的边框，也不需标注出 H、V、W 字样。如图 1-1-24。

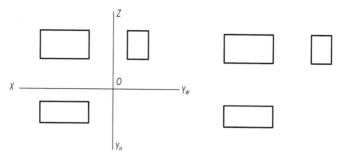

图 1-1-24　三面投影图

6. 三面投影图的投影规律

三视图对应关系为图 1-1-25：

（1）V 面投影和 H 面投影沿着长度方向左右对正，即长对正；

（2）V 面投影和 W 面投影沿着高度方向上下平齐，即高平齐；

（3）H 面投影和 W 面投影必在宽度方向一定相等，即宽相等。

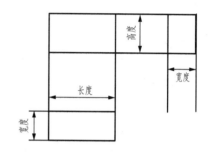

图 1-1-25　立面投影图的规律

7. 三面投影图的作图方法

绘制三面正投影图时，一般先绘制 V 面投影或 H 面投影图，然后再绘 W 面投影图。熟练掌握形体的三面正投影图的画法是绘制和阅读工程图样的重要基础。

绘制三面正投影图的具体方法和步骤是：

(1)在图纸上先画出水平和垂直十字相交线，作为正投影图中的投影轴。

(2)根据形体在三面投影体系中的放置位置，先画出能够反映形体特征的 V 面投影或者是 H 面投影图。

(3)根据投影关系，由长对正的画出 H 面投影图或 V 面投影图，由高平齐，把 V 面投影图中涉及高度的各相应部位用水平线拉向 W 面投影面，由宽相等用过原点的 O 作 45 度斜线或者画圆弧的方法，得到引线在 W 投影面上与等高水平线的交点，连接关联点而得到 W 面投影图。例如图 1-1-26～图 1-1-28 所示。

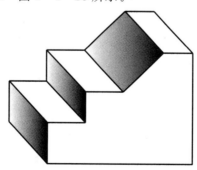

图 1-1-26　形体的立体图

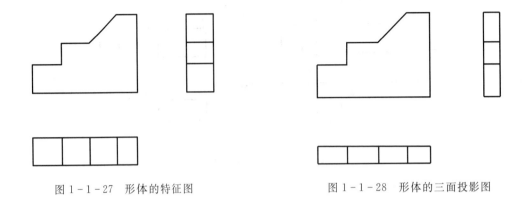

图 1-1-27 形体的特征图 图 1-1-28 形体的三面投影图

注意:由于在绘图时只要求各投影图之间的长宽高关系正确,因此图形与轴线之间的距离可以灵活安排。在实际工程图中,一般不画出投影轴。

8. 三面投影图中的点、线、面符号

为了作图准确和便于校核,作图时可把所画形体上的点、线、面用符号标注:

(1)一般规定空间形体上的点用大写字母 A、B、C 表示,其 H 面投用相应的 a、b、c 或者 1、2、3 表示,V 面投影用相应的 a'、b'、c' 或 $1'$、$2'$、$3'$ 表示,W 面投影用 a''、b''、c'' 或 $1''$、$2''$、$3''$ 表示。

(2)投影图中直线段的标注,用直线段两段的字母表示,如空间直线段 AB 在 H 面投影图上标注为 ab,在 V 面投影图上标注为 $a'b'$,在 W 面投影图上标注为 $a''b''$。

项目二 点的投影

任何一个形体都可视为由点、线、面所组成,其中点是最基本的几何元素。研究点的投影规律是学习形体投影的基础。

一、空间点的放置

将空间点 A 置于三面投影体系中,分别向三个投影面作正投影,则得到空间点 A 在三面投影体系中的投影:如图 1-2-1。

a——点 A 的水平投影;

a'——点 A 的正面投影;

a''——点 A 的侧面投影。

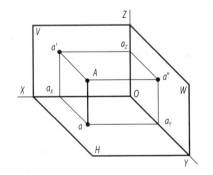

图 1-2-1 点 A 的三面投影

二、投影面展开

为便于投影分析,我们将点的立体投影图(图 1-2-2)展开,将 V 面保持不动,将 H 面绕着 X 轴向下旋转 90 度,再将 W 面绕着 Z 轴向右旋转 90 度。即得到点的三面投影的展开图如图 1-2-3。在展开图上将点的相邻投影用细实线连起来,图中 aa',$a'a''$ 称为投影连线,a 与 a'' 相连的方法,作图时常借助 45 度斜角线或圆弧线来完成。如图 $1-2-4$。

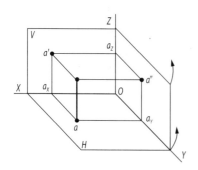

图 $1-2-2$ 点的立体投影展开图

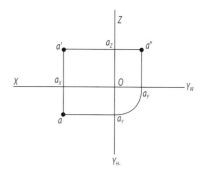

图 $1-2-3$ 点的三面投影的展开图

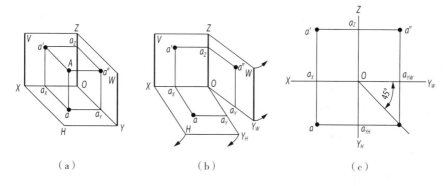

（a） （b） （c）

图 $1-2-4$ 点的三面投影图形成过程

三、点的投影规律

通过上图可以总结出点的投影规律是:

(1)点的正面投影 a' 和水平投影 a 的连线垂直于 OX 轴,即 $aa' \perp OX$。

(2)点的正面投影 a' 和侧面投影 a'' 的连线垂直于 OZ 轴,即 $a'a'' \perp OZ$。

(3)点的水平投影 a 到 OX 轴的距离等于其侧面投影 a'' 到 OZ 轴的距离,即 $aa_X = a''a_Z$。

根据上述投影规律可知,在点的三面投影中,任何两个投影都能反映出点到三个投影面的距离。因此,只要给出点的任意两个投影,就可以求出第三个投影。

【例 1】 已知点 A、B 的两面投影,如图 $1-2-5$(a)所示,求其第三面投影。

【解】 (1)过点 a' 作 OZ 轴的垂线并延长,过点 a 作 OY_H 轴的垂线并延长,与 45°分角线相交并旋转 90°向上引铅垂线,该铅垂线与过 a' 点所作的垂线相交,交点即为点 a''。

(2)过点 b' 作 OX 轴的垂线并延长,过点 b'' 作 OY_W 轴的垂线并延长,与 45°分角线相交并旋转 90°向左作水平线,该水平线与过 b' 点所作的垂线相交,交点即为点 b,如图 $1-2-5$(b)所示。

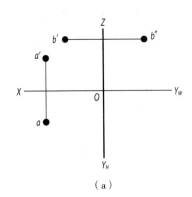

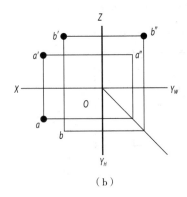

（a） （b）

图 1-2-5 例 1 图

四、点的坐标的概念

在三面投影体系中，空间点及其投影的位置，可以用坐标来确定。如果把三投影面体系看作空间直角坐标系，那么投影面 H、V、W 相当于坐标平面，投影轴 OX、OY、OZ 相当于坐标轴 X、Y、Z，投影轴原点 O 相当于坐标系原点。因此点 A 的空间位置可用其直角坐标表示为 $A(x,y,z)$。

空间一点到三投影面的距离，就是该点的三个坐标．例如 $A(x,y,z)$，即：

（1）空间点到 W 面的距离为 x 坐标；

（2）空间点到 V 面的距离为 y 坐标；

（3）空间点到 H 面的距离为 z 坐标。

应用坐标很容易求作点的投影和指出点的空间位置，如图 1-2-6。

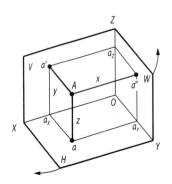

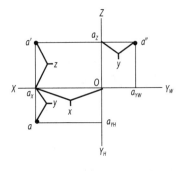

图 1-2-6 空间点 A 的坐标

五、点的三面投影与直角坐标的关系

点 A 的坐标与点 A 的投影及点 A 到投影面的距离有如下的关系：

（1）$aa_X = a''a_Z = y = Aa'$（A 到 V 面的距离）；

（2）$aa_Y = a'a_Z = x = Aa''$（A 到 W 面的距离）；

（3）$a'a_X = a''a_Y = z = Aa$（A 到 H 面的距离）。

故我们可以得出:点的三个投影到各投影轴的距离,分别代表空间点到相应的投影面的距离。如图 1-2-7。因此,若已知点的坐标,即可作出该点的三面投影;若已知点的三面投影,也可以量出该点的 3 个坐标。

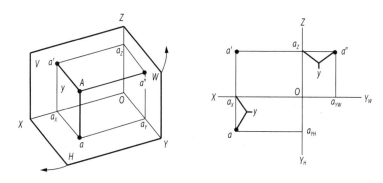

图 1-2-7 点的三面投影与直角坐标的关系

【例 2】 已知点 $A(10,15,12)$,求作点 A 的三面投影图。

【解】 作图步骤如下:

(1)在 OX 轴上量取 $Oa_X=10\text{mm}$,定出 a_X 点,如图 1-2-8(a)所示。

(2)过 a_X 点作 OX 轴的垂直线,使 $aa_X=15\text{mm}$、$a'a_X=12\text{mm}$ 得出 a 和 a',如图 1-2-8(b)所示。

(3)根据 a 和 a',求出 a'',如图 1-2-8(c)所示。

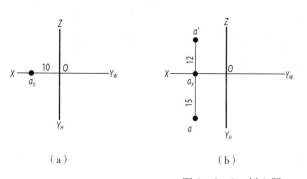

（a）　　　　　　　　　（b）　　　　　　　　　（c）

图 1-2-8 例 2 图

【例 3】 求点 $A(40,20,30)$ 的三面投影图。

【解】 作图步骤如下:

已知点 A 的三个坐标分别是:

X 坐标$=40\text{mm}$;

Y 坐标$=20\text{mm}$;

Z 坐标$=30\text{mm}$。

根据以上分析作出点 A 的三面投影图如图 1-2-9 所示:

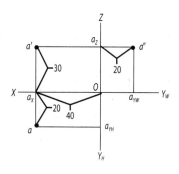

图 1-2-9 例 3 图

六、空间点的重建法

已知点 A 的坐标或投影，根据已知的条件想象并精确定位出该点在空间的位置，如图 $1-2-10$。

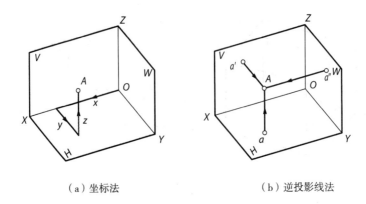

（a）坐标法　　　　　　　（b）逆投影线法

图 $1-2-10$　空间点的重建

【**例 4**】　已知点 A 的坐标 $(20,10,18)$，作出点的三面投影，并画出其立体图。

【**解**】　（1）由点的坐标作点的三面投影如图 $1-2-11$ 所示：

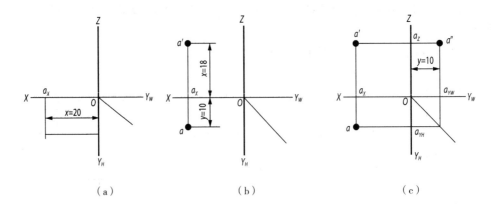

（a）　　　　　　　　　（b）　　　　　　　　　（c）

图 $1-2-11$　例 4 图（一）

（2）立体图的作图步骤如图 $1-2-12$ 所示：

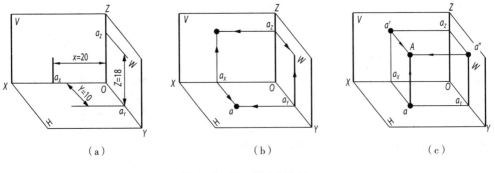

（a）　　　　　　　　　（b）　　　　　　　　　（c）

图 $1-2-12$　例 4 图（二）

七、特殊位置的点

在点的空间投影中,有些点的空间位置比较特殊,所以该点的平面投影也比较特殊,大家要注意。

1. 在投影面上的点(有一个坐标为 0)

有两个投影在投影轴上,另一个投影和其空间点本身重合。例如在 V 面上的点 A,如图 1-2-13(a)所示;

2. 在投影轴上的点(有两个坐标为 0)

有一个投影在原点上,另两个投影和其空间点本身重合。例如在 OZ 轴上的点 A,如图 1-2-13(b)所示。

3. 在原点上的空间点(有三个坐标都为 0)

它的三个投影必定都在原点上。例如在原点上的点 A,如图 1-2-13(c)所示。

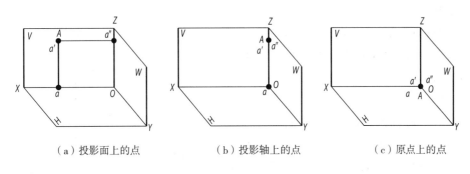

（a）投影面上的点　　　　　　（b）投影轴上的点　　　　　　（c）原点上的点

图 1-2-13　特殊位置的点

八、两点的相对位置及重影点

1. 两点的相对位置

两点的相对位置是指空间两点的前后、左右和上下关系,可根据两点的坐标大小来确定。判断方法如下:

(1)按 X 坐标判别两点的左、右关系,X 坐标大者在左,小者在右。

(2)按 Y 坐标判别两点的前、后关系,Y 坐标大者在前,小者在后。

(3)按 Z 坐标判别两点的上、下关系,Z 坐标大者在上,小者在下。

在三面投影中,H 面投影反映的是前后、左右关系,V 面投影反映的是左右、上下关系,W 面投影反映的是前后、上下关系。因此,只要将两点的两个同名投影的坐标值加以比较,就可判断出两点的前后、左右、上下位置关系。如图 1-2-14。

【例5】 试判断如图 1-2-15 所示 C、D 两点的相对位置。

【解】 如图 1-2-15 所示,从 H、V 面投影看出,$X_c>X_d$,则点 C 在点 D 左方;从 V、W 面投影看出,$Z_c>Z_d$,则点 C 在点 D 上方;从 H、W 面投影看出,$Y_c<Y_d$,则点 C 在点 D 后方。

总的来说,点 C 在点 D 的左、后、上方,或点 D 在点 C 的右、前、下方。

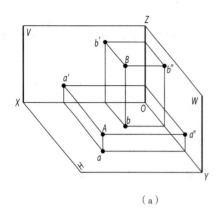

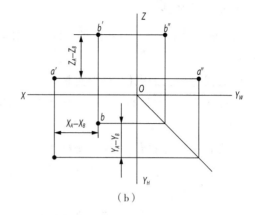

（a）   （b）

图 1-2-14　A、B 两点的相对位置关系

2. 重影点

若空间两点在某一投影面上的投影重合，则这两点是该投影面的重影点。这时，空间两点的某两坐标相同，并在同一投射线上。

当两点的投影重合时，就需要判别其可见性，应注意：对 H 面的重影点，从上向下观察，z 坐标值大者可见；对 W 面的重影点，从左向右观察，x 坐标值大者可见；对 V 面的重影点，从前向后观察，y 坐标值大者可见。在投影图上不可见的投影加括号表示，如 (a')。

（1）A、B 为水平面的重影点，如图 1-2-16。

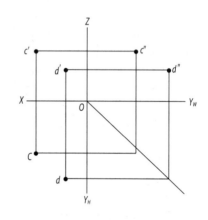

图 1-2-15　例 5 图

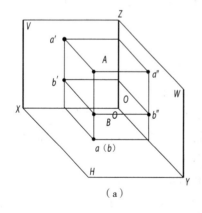

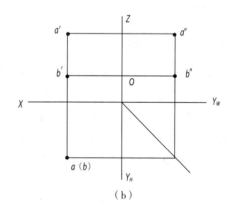

（a）   （b）

图 1-2-16　水平面重影点

（2）A、B 为正平面的重影点，如图 1-2-17。

（3）A、B 为侧平面的重影点，如图 1-2-18。

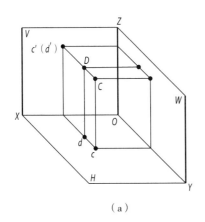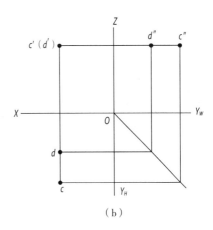

图 1-2-17 正平面重影点

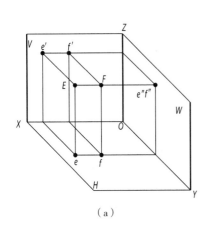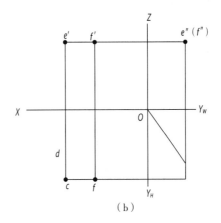

图 1-2-18 侧平面重影点

项目三 直线的投影

我们知道两点决定一直线,故要获得直线的投影,只需作出已知直线上的两个端点的投影,再将它们相连即可。空间两点确定一条空间直线段,空间直线的投影一般也是直线。直线段投影的实质,就是线段两个端点的同面投影的连线;所以学习直线的投影,必须与点的投影联系起来。

空间一直线的投影可由直线上的两点(通常取线段两个端点)的同面投影来确定。如图 1-3-1 所示的直线 AB,求作它的三面投影图时,可分别作出 A、B 两端点的投影(a、a'、a'')、(b、b'、b''),然后将其同面投影连接起来即得直线 AB 的三面投影图(ab、$a'b'$、$a''b''$)。

一、空间直线的分类

根据直线在三投影面体系中的位置可分为投影面倾斜线、投影面平行线、投影面垂直线三类。前一类直线称为一般位置直线,后两类直线称为特殊位置直线。

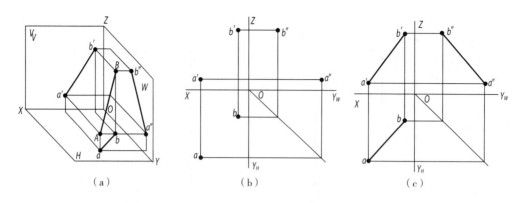

图 1-3-1　直线 AB 的三面投影图作法

二、特殊位置直线

1. 投影面垂直线

定义：垂直于一个投影面，同时平行于其他两个投影面的直线。

（1）铅垂线——垂直于 H 面，同时平行于 V、W 面的直线。如图 1-3-2。

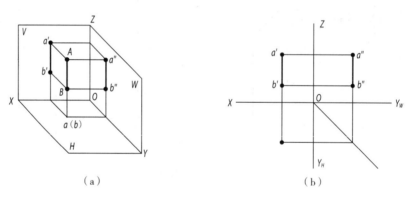

图 1-3-2　铅垂线

投影特性：水平投影积聚为一点；正面投影及侧面投影平行于 OZ 轴，且反映实长。

（2）正垂线——垂直于 V 面，同时平行于 H、W 面的直线。如图 1-3-3。

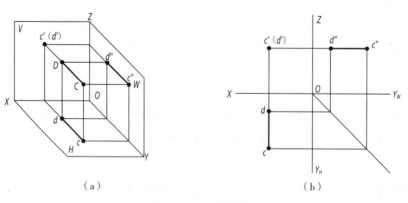

图 1-3-3　正垂线

投影特性：正面投影积聚为一点；水平投影及侧面投影平行于 OY 轴,且反映实长。

（3）侧垂线——垂直于 W 面,同时平行于 H、V 面的直线。如图 1-3-4。

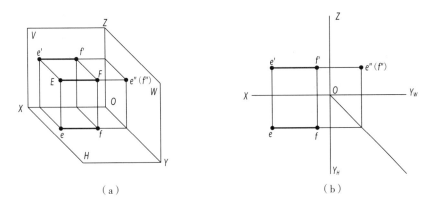

（a）   （b）

图 1-3-4　侧垂线

投影特性：侧面投影积聚为一点；水平投影及正面投影平行于 OX 轴,且反映实长。

投影面垂直线的投影特性可概括如下：

(1)直线在它所垂直的投影面上的投影积聚成一点。

(2)该直线在其他两个投影面上的投影分别垂直于相应的投影轴,且投影都等于该直线的实长。

2. 投影面平行线

定义：平行于一个投影面,同时倾斜于其他两个投影面的直线。

（1）水平线——平行于 H 面,同时倾斜于 V、W 面的直线。如图 1-3-5。

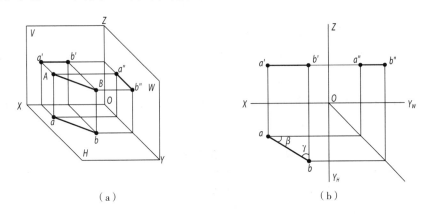

（a）   （b）

图 1-3-5　水平线

投影特性：水平投影反映实长及倾角,正面投影及侧面投影垂直于 OZ 轴。

（2）正平线——平行于 V 面,同时倾斜于 H、W 面的直线。如图 1-3-6。

投影特性：正面投影反映实长及倾角,水平投影及侧面投影垂直于 OY 轴。

（3）侧平线——平行于 W 面,同时倾斜于 H、V 面的直线。如图 1-3-7。

投影特性：侧面投影反映实长及倾角,水平投影及正面投影垂直于 OX 轴

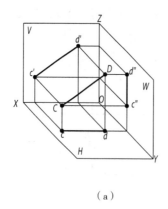
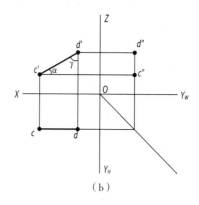

（a）   （b）

图 1-3-6　正平线

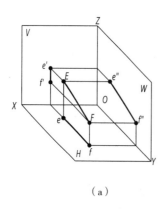
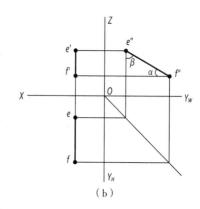

（a）   （b）

图 1-3-7　侧平线

投影面平行线的投影特性可概括如下：

（1）直线在它所平行的投影面上的投影反映实长，且反映对其他两个投影面的实际倾角；

（2）该直线在其他两个投影面上的投影分别平行于相应的投影轴，且小于实长。

投影面垂直线的特点总结如表 1-3-1 所示。

表 1-3-1　投影面垂直线的特点

名称	铅垂线（垂直于 H 面）	正垂线（垂直于 V 面）	侧垂线（垂直于 W 面）
直观图			

名称	铅垂线（垂直于 H 面）	正垂线（垂直于 V 面）	侧垂线（垂直于 W 面）
投影图			
投影特性	(1) H 面投影积聚为一点 $a(b)$ (2) V 面、W 面投影等于实长，且 $a'b'\perp OX$，$a''b''\perp OY_H$	(1) V 面投影积聚为一点 $c'(d')$ (2) H 面、W 面投影等于实长，且 $cd\perp OX$，$c''d''\perp OZ$	(1) W 面投影积聚为一点 e'' (f'') (2) V 面、H 面投影等于实长，且 $e'f'\perp OZ$，$ef\perp OY_H$

投影面平行线的特点总结如表 1-3-2 所示：

表 1-3-2　投影面平行线的特点

名称	水平线（平行于 H 面）	正平线（平行于 V 面）	侧平线（平行于 W 面）
直观图			
投影图			
投影特性	(1) H 面投影倾斜，$ab=AB$，ab 与投影轴的夹角反映 β、γ； (2) V 面、W 面投影短于实长，$ab\parallel OX$，$a''b''\parallel OY_H$	(1) V 面投影倾斜，$c'd'=CD$，$c'd'$ 与投影轴的夹角反映 α、γ； (2) H 面、W 面投影短于实长，$cd\parallel OX$，$c''d''\parallel OZ$	(1) W 面投影倾斜，$e''f''=EF$，$e''f''$ 与投影轴的夹角反映 α、β； (2) V 面、H 面投影短于实长，$e'f'\parallel OZ$，$ef\parallel OY_H$

三、一般位置直线

定义:对三个投影面都倾斜的直线称为一般位置直线。如图1-3-8。

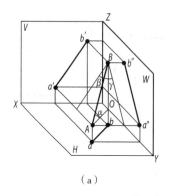

（a）

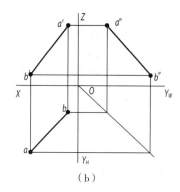

（b）

图1-3-8 一般位置直线

投影特性:三面投影均不反映直线的实长(均小于实长),直线与投影面之间的倾角在投影图中均无法反映。

根据上述各种位置直线的投影特性,可判别出直线与投影面的相对位置。

(1)投影面平行线的识读:在直线的3个投影中,仅有1个投影倾斜于投影轴,即可判别该直线为投影面平行线,且平行于倾斜投影所在的投影面。

(2)投影面垂直线的识读:在直线的3个投影中,有1个投影积聚为1个点,即可判别该直线为投影面垂直线,且垂直于积聚投影所在的投影面。

(3)一般位置直线的识读:在直线的3个投影中,若有2个投影倾斜于投影轴,即可判别该直线为一般位置直线。

项目四 平面的投影

一、平面的表示方法

下列五种方式可表达一平面:

(1)不在同一直线上的三个点(图1-4-1);

(2)一直线和直线外一点(图1-4-2);

(3)两相交直线(图1-4-3);

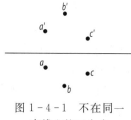

图1-4-1 不在同一
直线上的三个点

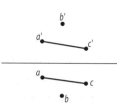

图1-4-2 一直线
和直线外一点

图1-4-3 两相交直线

(4)两平行直线(图1-4-4);

(5)任意平面图形(图1-4-5)。

二、求作平面投影的方法

大家都知道平面一般是由轮廓线组成的,而轮廓线又是由其上的若干点来组成的,所以求作平面的投影,实质上就是求作点和线的投影。如图1-4-6。

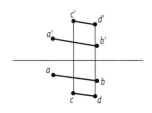
图1-4-4 两平行直线

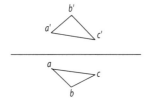
图1-4-5 任意平面图形

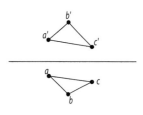
图1-4-6 平面投影的作法

三、特殊位置平面

1. 投影面平行面

定义:对一个投影面平行,同时垂直于其他两个投影面的平面。

(1)水平面——平行于 H 面,同时垂直于 V、W 的平面(图1-4-7)。

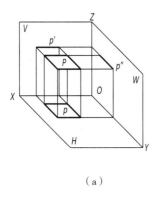

（a）

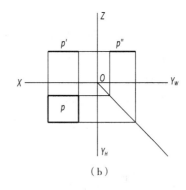

（b）

图1-4-7 水平面

投影特性:水平投影反映实形;正面投影和侧面投影积聚为一条直线并平行于相应的投影轴。

(2)正平面——平行于 V 面,同时垂直于 H、W 的平面(图1-4-8)。

投影特性:正面投影反映实形;水平投影和侧面投影积聚为一条直线并平行于相应的投影轴。

(3)侧平面——平行于 W 面,同时垂直于 H、V 的平面(图1-4-9)。

投影特性:侧面投影反映实形;水平投影和正面投影积聚为一条直线并平行于相应的投影轴。

投影面平行面的投影特性可概括如下:

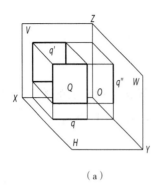

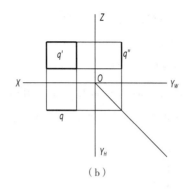

（a） （b）

图 1-4-8 正平面

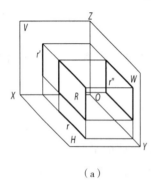

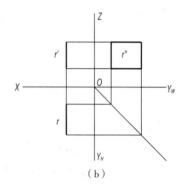

（a） （b）

图 1-4-9 侧平面

（1）平面在它所平行的投影面上的投影反映实形；

（2）在另外两个投影面上的投影积聚成直线，且分别平行于相应的投影轴。

2. 投影面垂直面

定义：垂直于一个投影面，同时倾斜于其他两个投影面的平面。

（1）铅垂面——垂直于 H 面，同时倾斜于 V、W 的平面。如图 1-4-10。

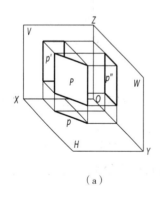

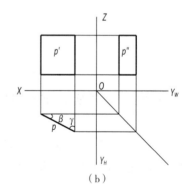

（a） （b）

图 1-4-10 铅垂面

投影特性：水平投影积聚为直线，并反映倾角 β、γ 的实形；正面投影和侧面投影均不反映实形且变小。

（2）正垂面——垂直于 V 面，同时倾斜于 H、W 的平面。如图 1-4-11。

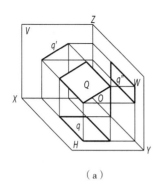
（a）

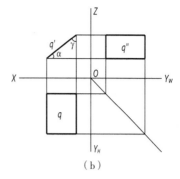
（b）

图 1-4-11 正垂面

投影特性：正面投影积聚为直线，并反映倾角 α、γ 的实形；水平投影和侧面投影均不反映实形且变小。

（3）侧垂面——垂直于 W 面，同时倾斜于 H、V 的平面

投影特性：侧面投影积聚为直线，并反映倾角 α、β 的实形；水平投影和正面投影均不反映实形且变小。如图 1-4-12 所示。

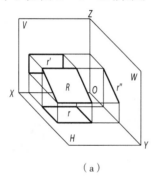
（a）

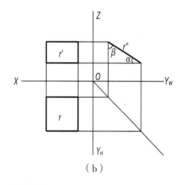
（b）

图 1-4-12 侧垂面

投影面垂直面的投影特性可概括如下：

（1）平面在它所垂直的投影面上的投影积聚为一条斜线，该斜线与投影轴的夹角反映该平面与相应投影面的夹角；

（2）平面在另外两个投影面上的投影不反映实形，且变小。

投影面平行面的特点总结如表 1-4-1 所示：

表 1-4-1　投影面平行面的特点

名称	水平面（平行于 H 面）	正平面（平行于 V 面）	侧平面（平行于 W 面）
直观图			

名称	水平面（平行于 H 面）	正平面（平行于 V 面）	侧平面（平行于 W 面）
投影图	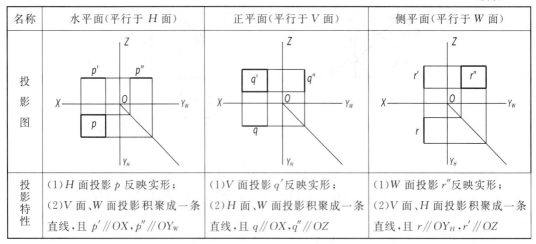		
投影特性	(1)H 面投影 p 反映实形； (2)V 面、W 面投影积聚成一条直线，且 p′//OX，p″//OY_w	(1)V 面投影 q′反映实形； (2)H 面、W 面投影积聚成一条直线，且 q//OX，q″//OZ	(1)W 面投影 r″反映实形； (2)V 面、H 面投影积聚成一条直线，且 r//OY_H，r′//OZ

投影面垂直面的特点总结如表 1-4-2 所示：

表 1-4-2　投影面垂直面的特点

名称	铅垂面（垂直于 H 面）	正垂面（垂直于 V 面）	侧垂面（垂直于 W 面）
直观图	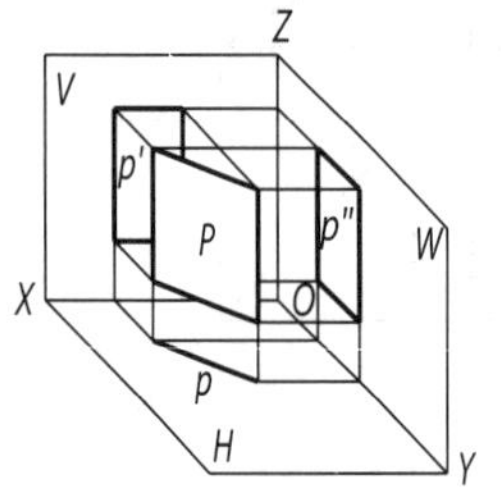	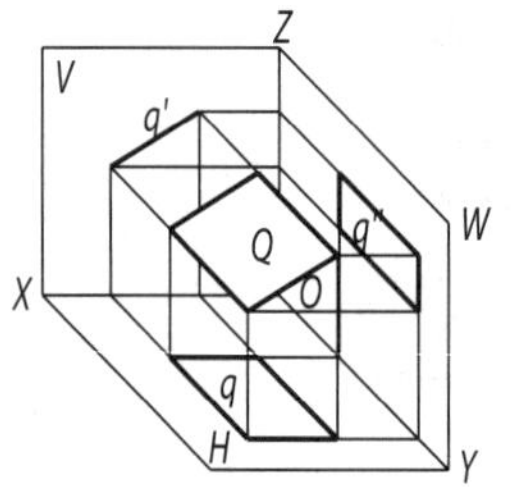	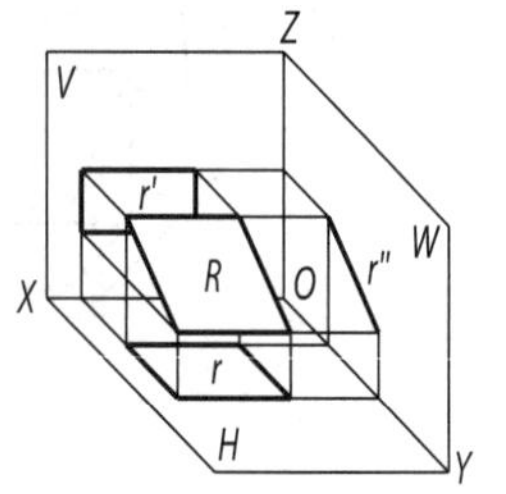
投影图	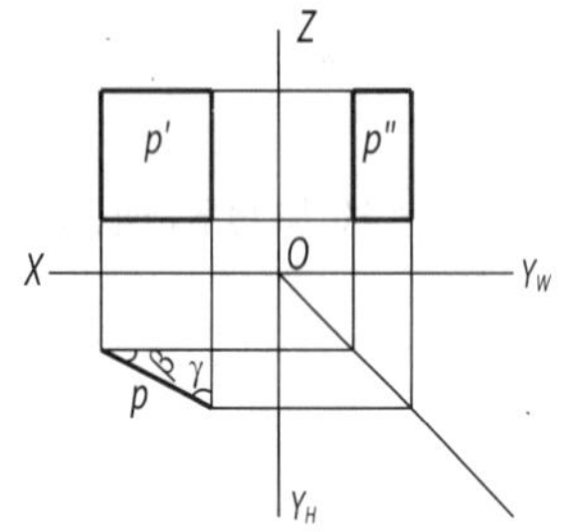	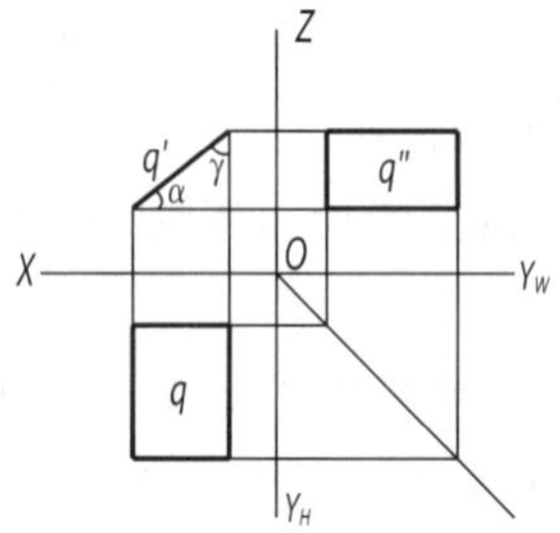	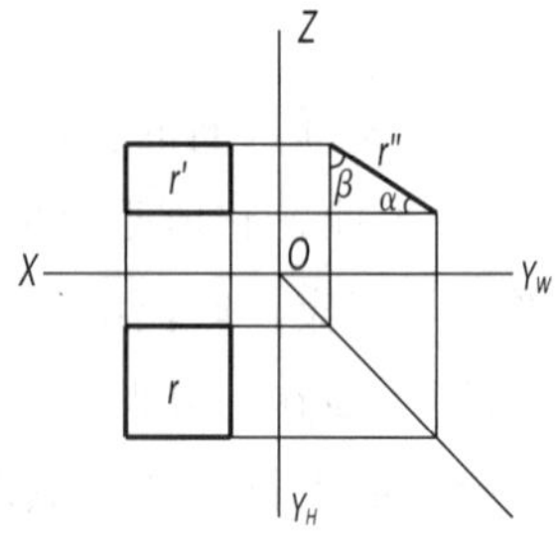
投影特性	(1)H 面投影 p 积聚为一条倾斜的直线； (2)V 面、W 面投影为原平面图形的几何类似形，且小于实形	(1)V 面投影 q′积聚为一条倾斜的直线； (2)H 面、W 面投影为原平面图形的几何类似形，且小于实形	(1)W 面投影 r″积聚为一条倾斜的直线；(2)V 面、H 面投影为原平面图形的几何类似形，且小于实形

四、一般位置平面

定义：对三个投影面都倾斜的平面。如图 1-4-13。

投影特性：三个面投影均为类似形，不反映实形和倾角，也不积聚。

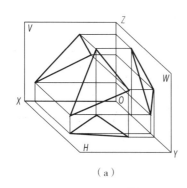

（a）

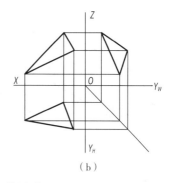

（b）

图 1-4-13　一般位置平面

　　根据上述各种位置平面的投影特性,可判别出平面与投影面的相对位置。

　　（1）投影面平行面的识读:在平面的 3 个投影中,有 1 个投影积聚为平行于投影轴的直线,即可判别该平面为投影面平行面,且平行于非积聚投影所在的投影面。可归纳为"一框两线,框在哪面,平行哪面。"

　　（2）投影面垂直面的识读:在平面的 3 个投影中,有 1 个投影积聚为倾斜于投影轴的直线,即可判别该平面为投影面垂直面,且垂直于积聚投影所在的投影面。可归纳为"一线两框,线在哪面,垂直哪面。"

　　（3）一般位置平面的识读:在平面的 3 个投影中,3 个投影均为平面图形,即可判别该平面为一般位置平面。可归纳为"三框定是一般面。"

项目五　基本形体的投影

一、基本形体的含义

　　在建筑工程中,我们会接触到各种形状的建筑物（如:房屋、水塔）及其构配件（如:基础、梁、柱等）。他们的形状虽然复杂多样,但经过仔细分析,不难看出它们一般都是由一些简单的几何体组合而成。见下图 1-5-1、图 1-5-2。我们把这些简单的几何体称为基本几何体,有时也称为基本形体。如图 1-5-3。

图 1-5-1　建筑物

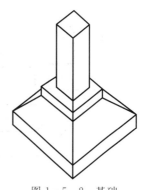

图 1-5-2　基础

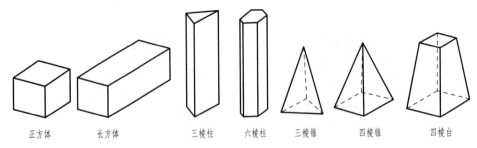

| 正方体 | 长方体 | 三棱柱 | 六棱柱 | 三棱锥 | 四棱锥 | 四棱台 |

图 1-5-3 常见的基本形体

二、平面体的投影图

由平面围合而成的具有长、宽、高三个方向尺度的几何体称为平面体。常见的平面体有长方体、棱柱体、棱锥体(台)。如图 1-5-4。

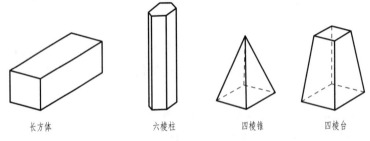

| 长方体 | 六棱柱 | 四棱锥 | 四棱台 |

图 1-5-4 常见的平面体

1. 长方体的投影特性

(1)上、下底面为水平面,两者的水平投影重影且反映实形,正面投影和侧面投影积聚为直线段。

(2)前、后两面为正平面,两者的正面投影重影且反映实形,水平投影和侧面投影积聚为直线段。

(3)左、右两个面均为侧平面,两者的侧面投影重影且反映实形,正面投影和立面投影积聚为直线段。如图 1-5-5。

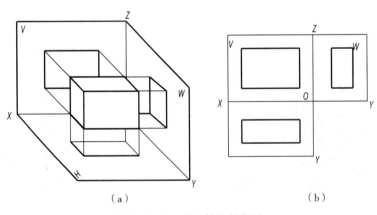

（a）　　　　　　　　　　　　　（b）

图 1-5-5 长方体的投影图

2. 棱柱体的投影特性

（1）上、下底面为水平面,两者的水平投影重影且反映实形,正面投影和侧面投影积聚为水平线。

（2）前、后两棱面为正平面,两者的正面投影重影且反映实形,水平投影和侧面投影积聚为垂直于 OY 轴的直线段。

（3）左边的两个棱面和右边的两个棱面均为铅垂面,其水平投影积聚为等于底面边长的线段,正面投影和侧面投影均为矩形,但不反映实形。如图 1-5-6。

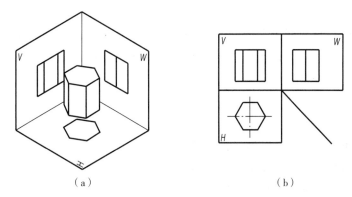

（a）　　　　　　　　　　　（b）

图 1-5-6　棱柱体的投影图

3. 棱锥体的投影特性

（1）由于底面为水平面,所以它的水平投影反映实形,正面投影和侧面投影积聚为水平线。

（2）后棱面 SAC 为侧垂面,所以其侧面投影积聚为一条斜线段,正面投影和水平投影都是三角形。

（3）左、右两个棱面 SAB、SBC 均为一般位置平面,所以它们的三个投影均为三角形。如图 1-5-7。

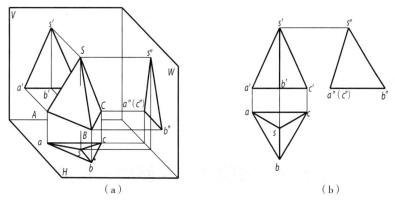

（a）　　　　　　　　　　　（b）

图 1-5-7　棱锥体的投影图

三、平面体投影的总结

由于点、线、面是构成平面体表面的几何元素,因此绘制平面立体的投影,归根结底是绘制点、线、面的投影,且投影同样遵循"长对正、高平齐、宽相等"的规律。

模块二　制图标准的基本规定

模块概述

本章主要介绍《房屋建筑制图统一标准》(GB/T 50001—2010)中关于图幅、线型、文字、比例、标注等的基本规定,并对制图的一些注意事项做了一些简要介绍,通过本章的学习与作业实践,应掌握制图的基本方法和技能。

知识目标

◆ 掌握制图标准中关于图幅、线型的概念。

◆ 掌握制图标准中关于文字、比例的概念。

◆ 掌握制图标准中关于尺寸标注的概念。

技能目标

◆ 能够熟练掌握线型的使用方法。

◆ 能够掌握比例尺的选取方法。

◆ 能够熟练进行图样的尺寸标注。

素质目标

◆ 培养学生自主思考、求知的能力,让学生掌握查询相关规范的要领和方法。

课时建议

理论课时　2 课时

实践课时　2 课时

项目一　房屋建筑制图统一标准

建筑工程图是建筑工程设计的重要技术资料,是施工的依据。为了使建筑工程图的制定有章可循,图纸表达清晰,能满足工程设计、施工的要求,并且便于工程人员交流,所以必须对工程图的图幅大小、线型、字体、比例以及标注等方面要有统一的规定,这种规定就称作制图标准。

制图国家标准(简称国标)是对与图样有关的画法、尺寸和技术要求的标注等做出的统一规定,是一项所有工程人员在设计、施工、管理中必须严格执行的国家条例。本章将主要介绍《房屋建筑制图统一标准》(GB 50001—2010)的有关规定。

代号的含义:GB 表示国标(国标的汉语拼音缩写),50001 表示该标准的标号,2010 表示颁布年号。如图 2-1-1 所示。

图 2-1-1　房屋建筑制图统一标准

项目二　图纸幅面和格式

一、图纸基本幅面

所谓图纸的幅面尺寸是指绘制图样所采用的纸张大小的规格,工程技术人员在绘制工程图样的时候,为了保证绘制出的图纸具有通用性和互换性,就必须要对图纸的尺寸规格作一个统一的规定。我们国家为了便于管理和合理使用纸张,对图纸的尺寸做如下的规定。如表 2-2-1 所示。

表 2-2-1 中,b 代表短边尺寸,L 代表长边尺寸,a、c 为图框线与幅面线之间的宽度,各号幅面的尺寸关系是:沿上一号幅面的长边对裁,即为次一号幅面的大小。如图 2-2-1。

表 2-2-1　幅面及图框尺寸

尺寸代号 ＼ 幅面代号	A0	A1	A2	A3	A4
$b \times l$	841×1189	594×841	420×594	297×420	210×297
c	10			5	
a	25				

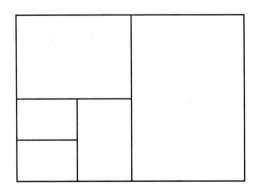

图 2-2-1　各号图纸的尺寸关系

在特殊情况下,允许 A0～A3 号图幅按表 2-2-2 的规定加长图纸的长边,但图纸的短边不得加长。

表 2-2-2　图纸长边加长尺寸

幅面代号	长边尺寸	长边加长后的尺寸			
A0	1189	1486(A0+1/4l)　1635(A0+3/8l)　1783(A0+1/2l)　1932(A0+5/8l) 2080(A0+3/4l)　2230(A0+7/8l)　2378(A0+1l)			
A1	841	1051(A1+1/4l)　1261(A1+1/2l)　1471(A1+3/4l)　1682(A1+1l) 1892(A1+5/4l)　2102(A1+3/2)			
A2	594	743(A2+1/4l)　891(A2+1/2l)　1041(A2+3/4l)　1189(A2+1l) 1338(A2+5/4l)　1486(A2+3/2l)　1635(A2+7/4l)　1783(A2+2l) 1932(A2+9/4l)　2080(A2+5/2l)			
A3	420	630(A3+1/2l)　841(A3+1l)　1051(A3+3/2l)　1261(A3+2l) 1471(A3+5/2l)　1682(A3+3l)　1892(A3+7/2l)			

注:有特殊需要的图纸,可采用 $b \times l$ 为 841mm×891mm 与 1189mm×1261mm 的幅面。

二、图框格式

图纸中应有标题栏、图框线、幅面线、装订边线和对中标志。图纸的标题栏及装订边的位置,应符合下列规定:

（1）横式使用的图纸，应按图2-2-2、图2-2-3的形式进行布置

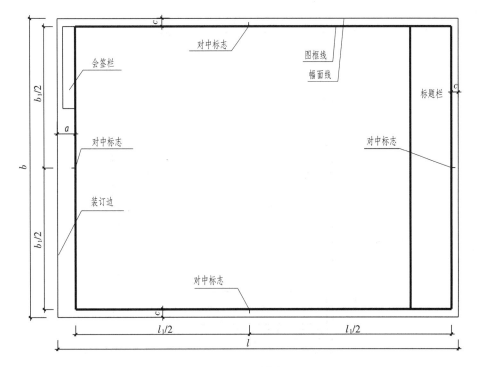

图2-2-2　A0～A3横式幅面（一）

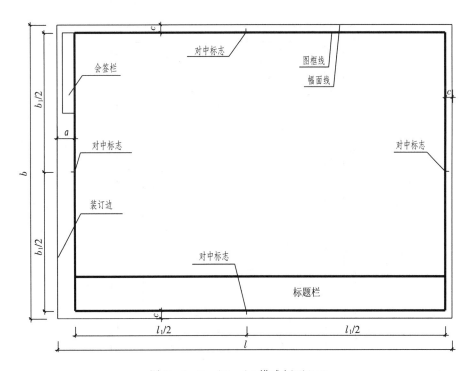

图2-2-3　A0～A3横式幅面（二）

（2）立式使用的图纸,应按图2-2-4、图2-2-5的形式进行布置。

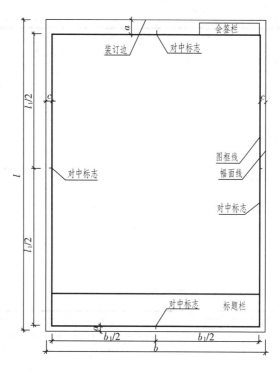

图2-2-4　A0～A4立式幅面(一)

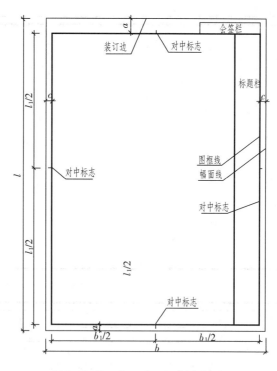

图2-2-5　A0～A4立式幅面(二)

三、标题栏

图纸标题栏是用来填写工程名称、图名、图号、设计号及设计人、绘图人、审批人的签名和出图日期等内容。标题栏应按图2-2-6、图2-2-7所示,根据工程的需要选择确定其尺寸、格式及分区。

图2-2-6　标题栏(一)

图2-2-7　标题栏(二)

项目三　图　线

一、线宽

画在图中的线条统称图线。为了使图的内容主次分明、清晰易看,在绘制工程图时,采用不同线型和不同粗细的图线来表示不同的意义和用途。

图线的宽度 b,宜从 1.4mm、1.0mm、0.7mm、0.5mm、0.35mm、0.25mm、0.18mm、0.13mm 线宽系列中选取。图线宽度不应小于 0.1mm。每个图样,应根据复杂程度与比例大小,先选定基本线宽 b,再选用表2-3-1中相应的线宽组。

表 2-3-1 线宽组

线宽比	线宽组			
b	1.4	1.0	0.7	0.5
$0.7b$	1.0	0.7	0.5	0.35
$0.5b$	0.7	0.5	0.35	0.25
$0.25b$	0.35	0.25	0.18	0.13

注:① 需要缩微的图纸,不宜采用 0.18 及更细的线宽。

② 同一张图纸内,各不同线宽中的细线,可统一采用较细的线宽组的细线。

图纸的图框和标题栏线,可采用表 2-3-2 中的线宽(mm)。

表 2-3-2 图框线、标题栏线的宽度

幅面代号	图框线	标题栏外框线	标题栏分格线
A0、A1	b	$0.5b$	$0.25b$
A2、A3、A4	b	$0.7b$	$0.35b$

二、线型

在整个建筑工程图里面图线的种类是非常多的,比如说有实线,实线里面还分成粗线、中线和细线。除了这个实线以外还有虚线、点划线、折断线、波浪线等。表 2-3-3 给我们列出了常用的线型、线宽,以及他们的具体用途。

表 2-3-3 图线

名称		线型	线宽	一般用途
实线	粗	——————	b	主要可见轮廓线
	中粗	——————	$0.7b$	可见轮廓线
	中	——————	$0.5b$	可见轮廓线、尺寸线、变更云线
	细	——————	$0.25b$	图例填充线、家具线
虚线	粗	— — — — —	b	见各有关专业制图标准
	中粗	— — — — —	$0.7b$	不可见轮廓线
	中	— — — — —	$0.5b$	不可见轮廓线、图例线
	细	— — — — —	$0.25b$	图例填充线、家具线
单点长画线	粗	—— · —— · ——	b	见各有关专业制图标准
	中	— · — · —	$0.5b$	见各有关专业制图标准
	细	— · — · —	$0.25b$	中心线、对称线、轴线等
双点长画线	粗	—— · · —— · · ——	b	见各有关专业制图标准
	中	— · · — · · —	$0.5b$	见各有关专业制图标准
	细	— · · — · · —	$0.25b$	假想轮廓线、成型前原始轮廓线
折断线	细	～／～	$0.25b$	断开界线
折断线	细	～～～	$0.25b$	断开界线

图线画法与注意事项：

(1)在同一张图纸内,相同比例的各图样,应选用相同的线宽组。

(2)相互平行的图线,其净间隙或线中间隙不宜小于 0.2mm。

(3)虚线、单点长画线或双点长画线的线段长度和间隔,宜各自相等。如图 2-3-1。

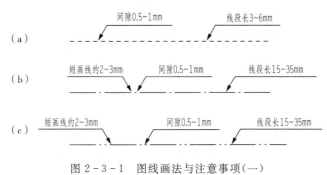

图 2-3-1　图线画法与注意事项(一)

(4)单点长画线或双点长画线的两端不应是点。如图形较小,画点画线或双点画线有困难时,可用细实线代替。如图 2-3-2。

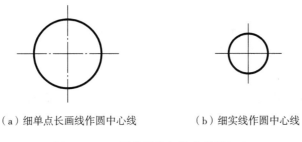

(a)细单点长画线作圆中心线　　　　(b)细实线作圆中心线

图 2-3-2　图线画法与注意事项(二)

(5)各种线型相交时,均应交于线段处,但当虚线为实线段的延长线时,不得与实线连接。如图 2-3-3。

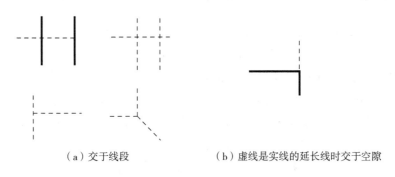

(a)交于线段　　　　　　(b)虚线是实线的延长线时交于空隙

图 2-3-3　图线画法与注意事项(三)

(6)图线不得与文字、数字或符号重叠、混淆,不可避免时,应首先保证文字、数字或符号等的清晰。如图 2-3-4。

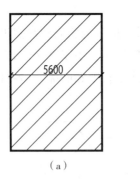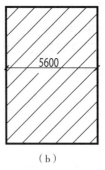

（a）　　　　　　　　　（b）

图 2-3-4　图线画法与注意事项（四）

项目四　字　体

一、字体的要求和注意事项

（1）图纸上所需书写的文字、数字或符号等，均应笔画清晰、字体端正、排列整齐，标点符号应清楚正确。

（2）字体的号数即字体的高度，应从 3.5mm、5mm、7mm、10mm、14mm、20mm 中选用。如需书写更大的字，其高度应按 2 的比值递增。

（3）图样及说明中的汉字，宜采用长仿宋体（矢量字体）或黑体，同一图纸字体种类不应超过两种。长仿宋体的宽度与高度的关系应符合表 2-4-1 的规定，黑体字的宽度与高度应相同。大标题、图册封面、地形图等的汉字，也可书写成其他字体，但应易于辨认。

表 2-4-1　长仿宋字高宽关系

字　　高	20	14	10	7	5	3.5
字　　宽	14	10	7	5	3.5	2.5

（4）汉字的简化字书写应符合国家有关汉字简化方案的规定。

（5）拉丁字母、阿拉伯数字与罗马数字的字高，应不小于 2.5mm。拉丁字母、阿拉伯数字与罗马数字根据需要可以写成直体字和斜体字。如需写成斜体字，其斜度应是从字的底线逆时针向上倾斜 75°。斜体字的高度与宽度应与相应的直体字相等。

（6）数量的数值注写，应采用正体阿拉伯数字。各种计量单位凡前面有量值的，均应采用国家颁布的单位符号注写。单位符号应采用正体字母。

（7）分数、百分数和比例数的注写，应采用阿拉伯数字和数学符号，例如：四分之三、百分之二十五和一比二十应分别写成 3/4、25% 和 1：20。

（8）当注写的数字小于 1 时，必须写出个位的"0"，小数点应采用圆点，齐基准线书写，例如 0.01。

项目五　比　例

图样的比例,应为图形与实物相对应的线性尺寸之比。

一、比例的分类

原值比例:1∶1——图形与实物一样大;

缩小比例:1∶2——图形比实物小;

放大比例:2∶1——图形比实物大。

二、比例的要求和注意事项

(1)比例的符号为"∶",比例应以阿拉伯数字表示。

(2)比例宜注写在图名的右侧,字的基准线应取平;比例的字高宜比图名的字高小一号或二号。如图2-5-1。

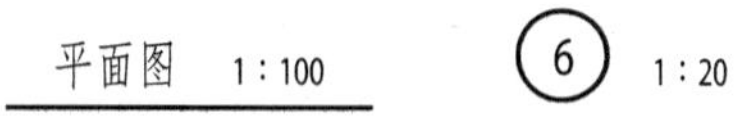

平面图　1∶100　　　⑥　1∶20

图2-5-1　比例的注写

(3)绘图所用的比例应根据图样的用途与被绘对象的复杂程度,从表2-5-1中选用,并应优先采用表中常用比例。

表2-5-1　绘图所用的比例

常用比例	1∶1、1∶2、1∶5、1∶10、1∶20、1∶30、1∶50、1∶100、1∶150、1∶200、1∶500、1∶1000、1∶2000
可用比例	1∶3、1∶4、1∶6、1∶15、1∶25、1∶40、1∶60、1∶80、1∶250、1∶300、1∶400、1∶600、1∶5000、1∶10000、1∶20000、1∶50000、1∶100000、1∶200000

(4)一般情况下,一个图样应选用一种比例。根据专业制图需要,同一图样可选用两种比例。

(5)特殊情况下也可自选比例,这时除应注出绘图比例外,还必须在适当位置绘制出相应的比例尺。

项目六　尺寸标注

在工程图上,除了按比例画出工程形体的形状外,还必须标注出完整的实际尺寸,作为施工的依据。国标中对尺寸标注的基本方法做了一系列规定,必须严格遵守。尺寸标注应做到正确、完整、清晰、合理。图样上一个完整的尺寸一般包括:尺寸界线、尺寸线、尺寸起止符号、尺寸数字。如图2-6-1所示。

一、基本要求

(1)尺寸界线应用细实线绘制,一般应与被注长度垂直,其一端应离开图的轮廓线不小于2mm,另一端宜超出尺寸线2~3mm。图的轮廓线可用作尺寸界线。

（2）尺寸线应用细实线绘制，应与被注长度平行。图本身的任何图线均不得用作尺寸线。

（3）尺寸起止符号一般用中粗斜短线绘制，其倾斜方向应与尺寸界线成顺时针45°角，长度宜为2～3mm。半径、直径、角度与弧长的尺寸起止符号，宜用箭头表示。如图2-6-2。

（4）图中的尺寸，应以尺寸数字为准，不得从图上直接量取。图上的尺寸单位，除标高及总平面以米为单位外，其他一律以毫米为单位。

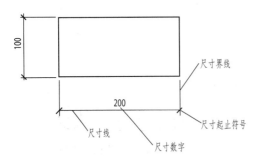

图2-6-1 尺寸的组成

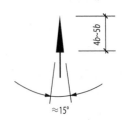

图2-6-2 箭头尺寸起止符号

二、注意事项

（1）尺寸数字的方向，应按下图2-6-3的规定注写。若尺寸数字在30°斜线区内，应从左方读数的方向来注写。必要时按下图2-6-4的形式注写。

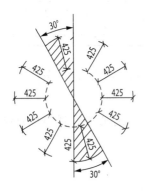

图2-6-3 尺寸数字的注写方向（一）

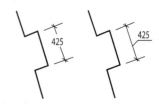

图2-6-4 尺寸数字的注写方向（二）

（2）尺寸数字一般应依据其方向注写在靠近尺寸线的上方中部。如没有足够的注写位置，最外边的尺寸数字可注写在尺寸界线的外侧，中间相邻的尺寸数字可错开注写。如图2-6-5所示。

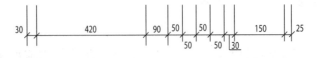

图2-6-5 尺寸数字的注写位置

三、尺寸的排列与布置

(1)尺寸宜标注在图样轮廓以外,不宜与图线、文字及符号等相交,如图2-6-6所示。图线不得穿交尺寸数字,不可避免时,应将尺寸数字处断开,如图2-6-7所示。

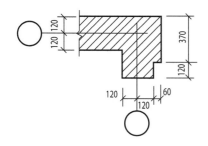

图2-6-6 尺寸数字的注写(一)　　　　图2-6-7 尺寸数字的注写(二)

(2)互相平行的尺寸线,应从被注写的图轮廓线由近向远整齐排列,较小尺寸应离轮廓线较近,较大尺寸应离轮廓线较远。

(3)图轮廓线以外的尺寸界线,距图最外轮廓之间的距离,不宜小于10mm。平行排列的尺寸线的间距,宜为7～10mm,并应保持一致。如图2-6-8所示。

(4)总尺寸的尺寸界线应靠近所指部位,中间的分尺寸的尺寸界线可稍短,但其长度应相等。

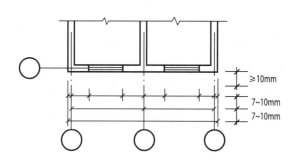

图2-6-8 尺寸的排列

四、半径、直径、球的尺寸标注

(1)半圆和小于半圆的弧,一般标注半径,尺寸线的一端从圆心开始,另一端用箭头作尺寸的起止符号,指向圆弧,在半径数字前加注半径符号"R"。较小圆弧的半径数字,可引出标注,较大圆弧的尺寸线可画成折线状,但必须对准圆心,如图2-6-9所示。

(2)圆和大于半圆的弧,一般标注直径。标注圆的直径尺寸时,直径数字前应加直径符号"φ"。在圆内标注的尺寸线应通过圆心,两端画箭头指至圆弧。较小圆的直径尺寸可标注在圆外,如图2-6-10所示。

(3)标注球的半径尺寸时,应在尺寸前加注符号"SR"。标注球的直径尺寸时,应在尺寸数字前加注符号"SΦ"。注写方法与圆弧半径和圆直径的尺寸标注方法相同。如图2-6-11所示。

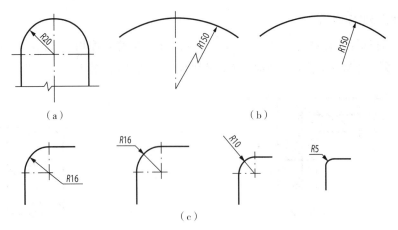

（a）　　　　　　　　　　　　　　　（b）

（c）

图 2-6-9　半圆、圆弧半径的标注方法

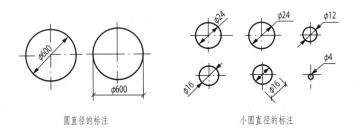

圆直径的标注　　　　　　　　　　　　小圆直径的标注

图 2-6-10　圆直径的标注方法

五、角度、弧度、弦长尺寸标注

（1）角度的尺寸线应以圆弧表示。该圆弧的圆心应是该角的顶点，角的两条边为尺寸界线。起止符号应以箭头表示，如没有足够位置画箭头，可用圆点代替，角度数字应按水平方向注写，如图 2-6-12 所示。

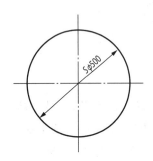

图 2-6-11　球体的标注方法

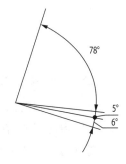

图 2-6-12　角度标注方法

（2）标注圆弧的弧长时，尺寸线应以与该圆弧同心的圆弧线表示，尺寸界线应垂直于该圆弧的弦，起止符号用箭头表示，弧长数字上方应加注圆弧符号"⌒"，如图 2-6-13 所示。

（3）标注圆弧的弦长时，尺寸线应以平行于该弦的直线表示，尺寸界线应垂直于该弦，起止符号用中粗斜短线表示，如图 2-6-14 所示。

建筑工程制图与识图

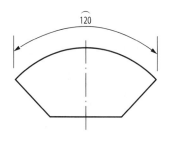

图 2-6-13　弧长标注方法

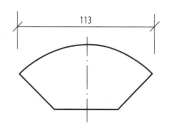

图 2-6-14　弦长标注方法

六、薄板厚度、正方形、坡度、非圆曲线等尺寸标注

（1）在薄板板面标注板厚尺寸时,应在厚度数字前加厚度符号"t",如图 2-6-15 所示。

（2）标注正方形的尺寸,可用"边长×边长"的形式,也可在边长数字前加正方形符号"□",如图 2-6-16 所示。

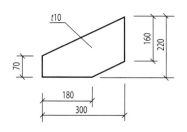

图 2-6-15　薄板厚度标注方法

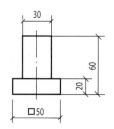

图 2-6-16　标注正方形尺寸

（3）标注坡度时,应加注坡度符号,该符号为单面箭头,箭头应指向下坡方向;坡度也可用直角三角形形式标注,如图 2-6-17 所示。

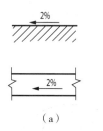

（a）

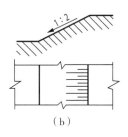

（b）

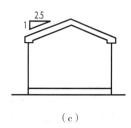

（c）

图 2-6-17　坡度标注方法

（4）外形为非圆曲线的构件,可用坐标形式标注尺寸;复杂的图形,可用网格形式标注尺寸。如图 2-6-18 所示。

七、尺寸的简化标注

（1）杆件或管线的长度,在单线图(桁架简图、钢筋简图、管线简图)上,可直接将尺寸数字沿杆件或管线的一侧注写,如图 2-6-19 所示。

（2）连续排列的等长尺寸,可用"等长尺寸×个数=总长"的形式标注,如图 2-6-20 所示。

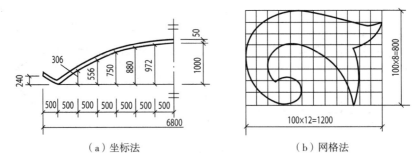

（a）坐标法　　　　　　　　　　　（b）网格法

图 2-6-18　非圆曲线的标注方法

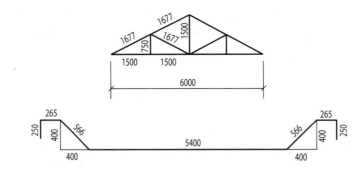

图 2-6-19　单线图尺寸标注方法

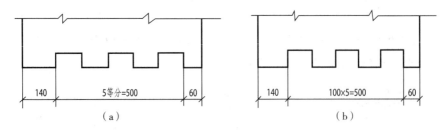

（a）　　　　　　　　　　　　　（b）

图 2-6-20　等长尺寸简化标注方法

（3）构配件内的构造要素（如孔、槽等）如相同,可仅标注其中一个要素的尺寸,如图 2-6-21 所示。

（4）对称构配件采用对称省略画法时,该对称构配件的尺寸线应略超过对称符号,仅在尺寸线的一端画尺寸起止符号,尺寸数字应按整体全尺寸注写,其注写位置宜与对称符号对齐,如图 2-6-22所示。

（5）两个构配件,如个别尺寸数字不同,可在

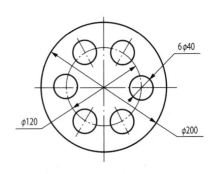

图 2-6-21　相同要素尺寸标注方法

同一图中将其中一个构配件的不同尺寸数字注写在括号内,该构配件的名称也应注写在相应的括号内,如图 2-6-23 所示。

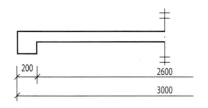 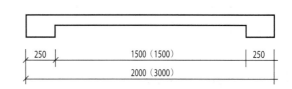

图 2-6-22　对称构件尺寸表示方法　　　　　图 2-6-23　相似构件尺寸表示方法

(6)数个构配件,如仅某些尺寸不同,这些有变化的尺寸数字,可用拉丁字母注写在同一图中,另列表格写明其具体尺寸,如图 2-6-24 所示。

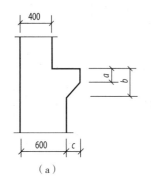

（a）

构件编号	a	b	c
Z-1	200	200	200
Z-2	250	450	200
Z-3	200	450	250

（b）

图 2-6-24　相似构配件尺寸表示标注方法

八、尺寸标注应注意的问题(表 2-6-1)

表 2-6-1　尺寸标注中常见问题

说　明	正　确	错　误
尺寸数字写在尺寸线的中间,水平方向的尺寸从左向右写在尺寸线的上方,竖直方向的尺寸从下向上写在尺寸线的左方		
尺寸界限不能做尺寸线		
小的尺寸在内,大的尺寸在外		

说　明	正　确	错　误
同一张图纸内的尺寸数字应大小一致	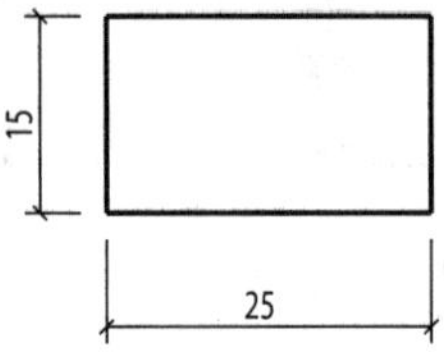 15　25	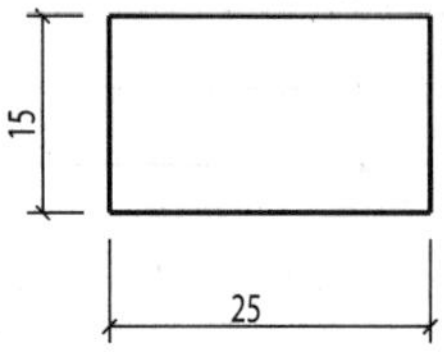 15　25
在断面图中书写数字时,应留空不画断面线	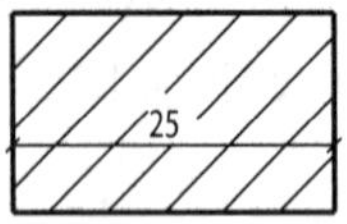 25	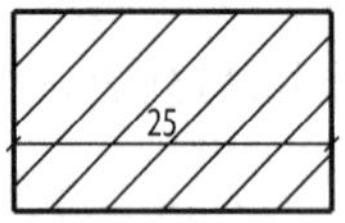 25
轮廓线、中心线可以作为尺寸界限,但不能用作尺寸线	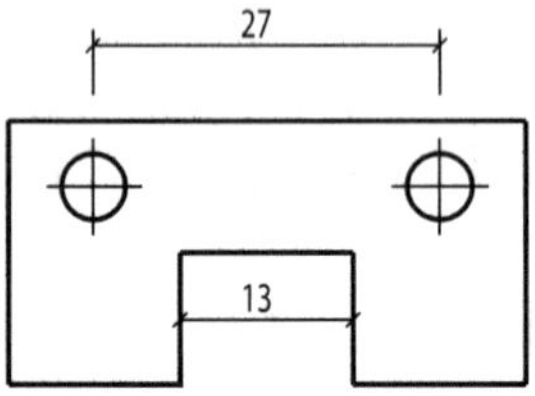 27　13	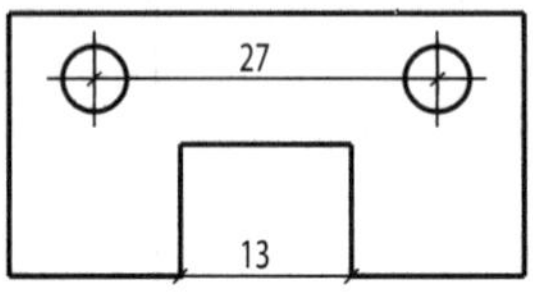 27　13

建筑工程制图与识图

模块三　组合体的投影图

模块概述

　　组合体:由两个以上的基本几何形体组成的较复杂的物体,称为组合体。在实践中机器的零部件更接近于组合体,而任何组合体总可以分解成若干个基本几何形体,因此,只要掌握分解组合体的方法,组合体投影图也就迎刃而解了。

知识目标

　　◆ 掌握组合体投影图识读。

　　◆ 掌握组合体视图的尺寸标注。

　　◆ 掌握组合体的读图方法。

　　◆ 掌握组合体在绘制中的注意事项。

技能目标

　　◆ 能够按顺序按步骤完成组合体的绘制。

　　◆ 能够规范的对组合体进行标注。

　　◆ 能够用线面和形体的分析方法对组合体进行分析。

　　◆ 能够完成课后实训任务。

素质目标

　　◆ 培养学生的空间分析能力、形体重组能力以及做事专注的精神。

课时建议

　　理论课时　6课时

　　实践课时　3课时

项目一　组合体投影图识读

一、组合体的组合方式

　　组合体按其组成形状不同可分为:叠加式(堆积)和截割式。

（1）叠加体：由两个或两个以上的基本几何体叠加而成的叠加式组合体，简称叠加体。如图3-1-1(a)所示。

（2）截割体：由一个或多个截平面对简单基本几何体进行截割，使之变为较复杂的形体，是组合体的另一种组合形式。如图3-1-1(b)所示。

（3）既叠加又截割：叠加和截割是形成组合体的两种基本形式。在许多情况下，叠加式与截割式并无严格的界限，往往是同一物体既有叠加又有截割。如图3-1-1(c)所示。

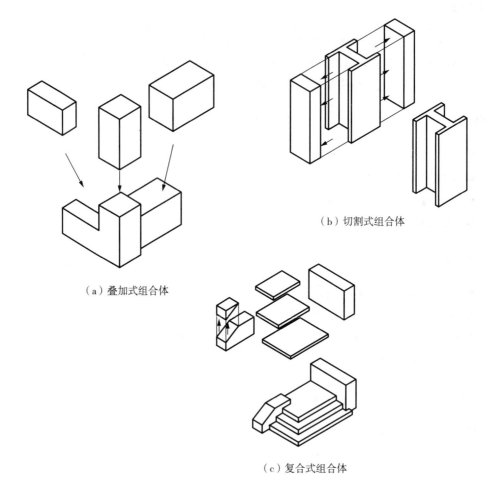

（a）叠加式组合体

（b）切割式组合体

（c）复合式组合体

图3-1-1　组合体的组合方式

二、有关组合体的投影分析

由基本几何形体组成组合体时，常见有下列几种表面之间的结合关系：

（1）两基本几何体上的两个平面互相平齐地连接成一个平面，则它们在连接处是共面关系，而不再存在分界线。因此在画出它的主视图时，不应该再画它们的分界线。如图3-1-2所示。

（2）如果两基本几何体的表面相切时，则称其为相切关系。如图3-1-3在相切处两表面光滑过渡，故该处的投影不应该画出分界线。

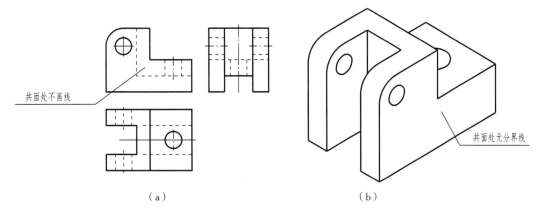

共面处不画线

共面处无分界线

（a） （b）

图 3-1-2 组合体投影分析（一）

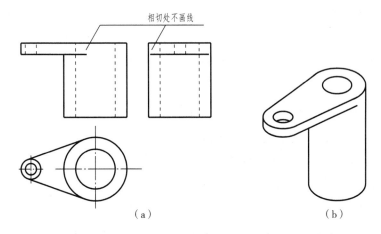

相切处不画线

（a） （b）

图 3-1-3 组合体投影分析（二）

（3）如果两基本几何体的表面彼此相交,则称其为相交关系。表面交线是它们的表面分界线,图上必须画出它们交线的投影。如图 3-1-4 所示。

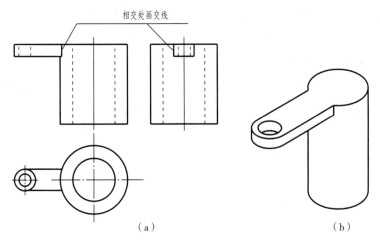

相交处画交线

（a） （b）

图 3-1-4 组合体投影分析（三）

三、形体分析方法

1. 形体分析方法

把复杂的物体分解成由若干个几何体按不同方式组合而成的方法,称形体分析法。

2. 用　途

可把复杂的物体转变为简单的形体,便于深入分析和理解复杂物体的本质,可提高绘图速度与绘图质量。

项目二　组合体投影图的画法

组合体的形状是多种多样的,但从形体的角度来分析,任何复杂的组合体都可以分解为若干个简单的基本几何形体。因此,画图时必须首先假想地把组合体分解成若干部分,即若干个基本几何体的视图,并根据它们的组合形式的不同,画出它们之间连接处的交线投影,以完成整个组合体的视图,即上节所述的形体分析法。

一、形体分析

(1)分析它们是由哪些简单的基本几何体组成的。

(2)各基本几何体之间又是按什么形式组合的。

(3)它们各自对投影的相对位置关系如何。

从形体分析中,进一步认识组合体的结构特点,为正确地画组合体的视图做好准备。

二、选择主视图

主视图是三视图中最重要的视图,主视图选择恰当与否,直接影响组合体视图表达的清晰性。所谓选择主视图,即怎样放置所表达的物体和用怎样的投影方向来作为主视图的投影方向的问题。

选择主视图的原则:

(1)组合体应按自然位置放置,即保持组合体自然稳定的位置。

(2)主视图应较多地反映出组合体的结构形状特征,即把反映组合体的各基本几何体和它们之间相对位置关系最多的方向作为主视图的投影方向。

(3)在主视图中尽量较少产生虚线,即在选择组合体的安放位置和投影方向时,要同时考虑各视图中的不可见部分,以尽量减少各视图中的虚线。

如图 3-2-1 所示,组合体摆放的位置方向不同,那么得到的投影也是有很大的差别。

三、遵守正确的画图方法和步骤

正确的画图方法和步骤是保证绘图质量和提高绘图效率的关键:

(1)在画组合体的三视图时,应分清组合体上结构体形状的主次,先画其主要部分,后画其次要部分;

(2)在画每一部分时,要先画反映该部分形状特性的视图,后画其他视图;

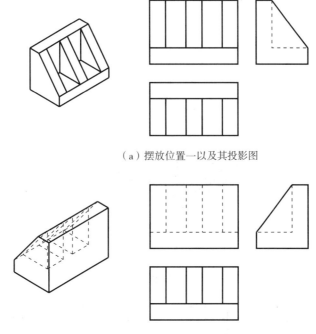

（a）摆放位置一以及其投影图

（b）摆放位置二以及其投影图

图 3-2-1　形体的不同摆放及其投影

（3）要严格按照投影关系，三个视图配合起来逐一画出每一组成部分的投影，切忌画完一个视图，再画另一个视图。

当主视图确定了，则其他视图也就随之而确定了，具体作图步骤如下。

1. 选比例、定图幅

画图时，应遵照国标，尽量选用 1:1 的比例，这样可以从图上直接看出物体的真实大小。选定比例后，由物体的长、宽、高尺寸，计算三个视图所占的面积，并在视图之间留出标注尺寸的位置和适当的间距。根据估算的结果，选用恰当的标准图幅。

2. 布图（布置图面）

指确定各视图在图纸上的位置。布图前先把图纸的边框和标题的边框画出来。各视图的位置要匀称。并注意两视图之间要留出适当距离，用以标注尺寸。大致确定各视图的位置后，画作图基准线（基准线一般为：对称中心线、轴线，确定主要表面的基准线）。基准线也是画图时测量尺寸的基准，每个视图应画出与相应坐标轴对应的两个方向的基准线。

3. 画底稿

根据以上形体分析的结果，逐步画出它们的三视图，如图 3-2-2、图 3-2-3、图 3-2-4所示。

画图时，要先用细实线轻而清晰地画出各视图的底稿。画底稿的顺序是：

① 先画主要形体，后画次要形体；

② 先画外形轮廓，后化内部细节；

③ 先画可见部分,后画不可见部分。对称中心线和轴线可用点划线直接画出,不可见部分的虚线也可直接画出。

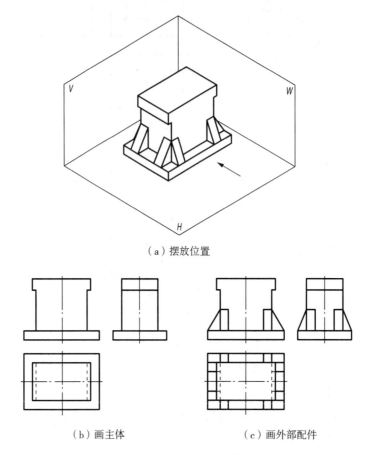

（a）摆放位置

（b）画主体　　　　　　　　　　　（c）画外部配件

图 3 - 2 - 2　叠加法画组合体投影图

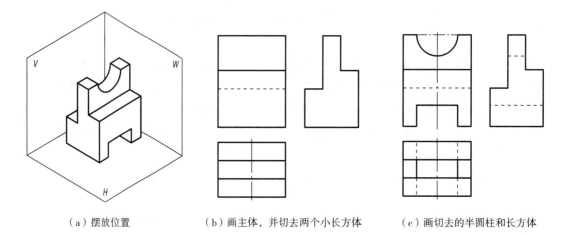

（a）摆放位置　　　　　（b）画主体,并切去两个小长方体　　　　（c）画切去的半圆柱和长方体

图 3 - 2 - 3　切割法画组合体的投影图

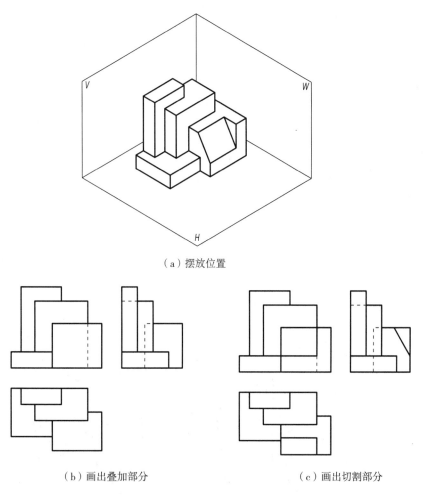

（a）摆放位置

（b）画出叠加部分　　　　　　　　（c）画出切割部分

图 3-2-4　混合式组合体投影图画法

项目三　组合体投影图的尺寸注法

　　组合体的视图只能表示他的形状，要想表示其大小，还应注出尺寸。在图样上标注尺寸是表达物体的重要手段。真正掌握好组合体三视图上所标注尺寸的方法，可为今后在零件图上标注尺寸打下良好的基础。

一、标注尺寸的基本要求

　　(1)符合国家标准的规定，即严格遵守国标所规定的尺寸标注规则。

　　(2)尺寸齐全，即所标注的尺寸完整不遗漏、不多余、不重复。

　　(3)尺寸布置清晰，即把尺寸标注在图中合适的地方，以便于看图。

　　总之，组合体的三视图上标注尺寸应该体现：正确、齐全、清晰、完整。

二、尺寸分类和尺寸基准

1. 尺寸分类

定形尺寸——确定组合体中各组成部分形体大小的尺寸。

定位尺寸——确定组合体中各组成部分形体之间相对位置的尺寸。

总体尺寸——在组合体中除以上两类尺寸外,还常需要标注出组合体的总体尺寸:总长、总高、总宽尺寸。

2. 尺寸基准

每一个尺寸都有起点和终点,标注尺寸的起点就是尺寸基准。在组合体三视图中,常沿 x、y、z 轴方向,每个方向至少有一个尺寸基准。一般采用对称中心线、轴线和重要的平面及端面作为尺寸基准。

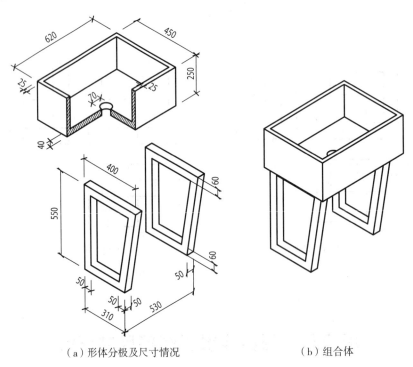

（a）形体分极及尺寸情况　　　　　　（b）组合体

图 3-3-1　盥洗台的组成及尺寸

三、标注尺寸应注意的问题

对组合体进行尺寸标注时,尺寸布置应该整齐、清晰,便于阅读,需注意以下几点:

(1)定形尺寸尽量标注在反映该形体特征的视图上(如 V 形槽的定形尺寸在主视图上)。

(2)同一形体的定形尺寸和定位尺寸应尽可能标注在同一视图上。

(3)尺寸排列要整齐,平行的几个尺寸应按"大尺寸在外,小尺寸在内"的规律排列,以避免尺寸线与尺寸界线交叉。内形尺寸和外形尺寸应分别标注在视图的两侧,避免混合标注在视图的同一侧。

(4)同轴回转体的直径,最好标注在非圆的视图上。既避免在同心圆较多视图上标注过多的直径尺寸,也避免用回转体的界限素线作为尺寸基准。

(5)一般应尽量将尺寸标注在视图外面,且布置在两视图之间。一般也不在虚线轮廓线上标注尺寸。

(6)不应在交线上标注尺寸,因为交线是在加工过程中自然形成的。

四、尺寸标注举例

在图 3-3-2 所示的三视图上标注尺寸。

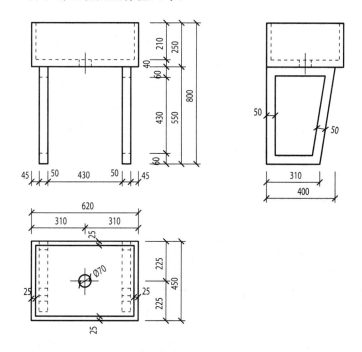

图 3-3-2　盥洗台的三面投影图及尺寸标注

(1)形体分析:将图 3-3-2 所示的组合体拆解为由底板、立板、肋板三部分叠加而成。在底板上开了小圆孔,在立板上开了与立板形式相同的梯形孔;

(2)标注每个基本体的定形尺寸;

(3)标注各基本体相互间的定位尺寸;

(4)标注组合体的总体尺寸;

(5)按尺寸的标注要求,检查后进行必要的调整,确定要标注的尺寸,比如侧面投影图中的高度可以省略不标。

项目四　组合体投影图的识读

读图——根据组合体的视图,想象出物体的空间形状,称为读图。

绘制组合体的视图时,运用形体分析方法,用正投影原理在平面上(图纸上)表达组合体。阅读组合体的视图,同样也要运用形体分析法,并在读图的过程中,逐步培养丰富的空间想象能力。本节主要介绍阅读组合体视图的基本方法。

一、读图的基本方法

形体分析法、线面分析法。

1. 形体分析法

根据组合体的视图,假想把它分成若干个基本形体的视图,然后按照各视图的投影关系,想象出这些基本形体的几何形状和相对位置,最后确定该组合体的完整形状。具体读图步骤如下。

(1)看大致、分形体。先大致看一下各个视图,找出其中一个视图,该视图宜分成若干简单的线框。一般情况下,总是从主视图入手,从较大的线框开始。

(2)对投影、想形状。根据投影关系(借助三角板、分规等制图工具),逐个找到与各基本形体主视图相对应的俯视图和左视图,根据各基本形体的三视图想出其形状。想形状时应是:先看主要部分,后看次要部分;先看容易确定的部分,后看难确定的部分;先看某一组成部分的整体,后看细节部分的形状。

(3)合起来,想整体。在看清每个视图的基础实上,再根据整体的三视图,找出它们之间相对应的位置关系,逐渐想出整体的形状。如图3-4-1所示。

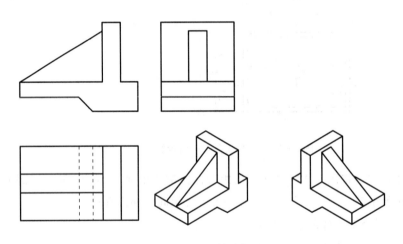

图3-4-1 形体分析法

2. 线面分析法

组合体读图应以形体分析法为主,但有时图形的某一部分难以看懂,可对这些部分作线面分析,如图3-4-2所示。

二、补视图、补缺陷

有些组合体用两个视图就能基本表达清楚它的形状,看懂视图后,应能根据这边两个视图画出第三个视图。

1. 补视图

已知两个视图补画第三视图的方法是根据已知两视图,运用形体分析方法和线面分析方法,想象出物体的形状,在此基础上,再根据两个已知视图按照"三等"关系画出物体的第三视图。如图3-4-3所示。

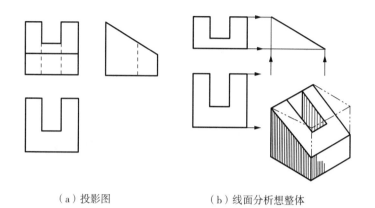

（a）投影图　　　　　　　　　（b）线面分析想整体

图 3-4-2　线面分析法

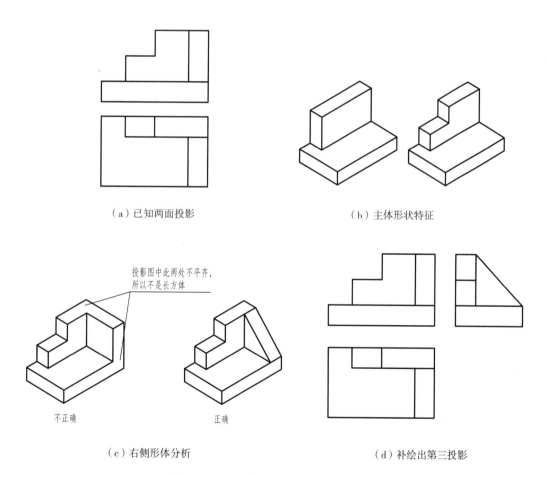

（a）已知两面投影　　　　　　　（b）主体形状特征

投影图中此两处不平齐,
所以不是长方体

不正确　　　　　　　正确

（c）右侧形体分析　　　　　　　（d）补绘出第三投影

图 3-4-3　已知两面投影求第三面投影

2. 补缺线

画物体的视图时,必须做到完整准确,不多线也不漏线。

补缺线就是补画出在视图上漏画的图线。

方法:可采用形体和"对投影"的方法。即根据已知视图初步想象形体,检查形体上每一部分在三视图中的投影是否遗漏,补画所缺的图线。如图3-4-4所示。

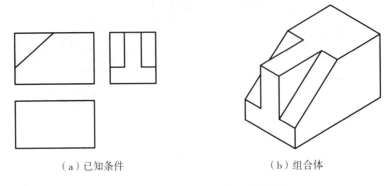

（a）已知条件　　　　　　　　（b）组合体

图3-4-4　补出 H 面缺画的图线

建筑工程制图与识图

模块四　工程形体的表达方式

模块概述

正投影图中,可见的轮廓线用实线表示,不可见的轮廓线用虚线表示。当物体内部构造比较复杂时,图中将出现很多虚线、图线重叠,难将物体的内部构造表达清楚。故为了能在图中直接表示出形体的内部形状,减少图中的虚线,更易识读,工程中通常采用剖切的方法。用剖面图或断面图来表达。

知识目标

◆ 掌握剖面图的基本概念及画法。

◆ 掌握断面图的画法。

◆ 掌握剖面图和断面图的区别。

◆ 掌握简化画法。

技能目标

◆ 能够正确的绘制剖面图。

◆ 能够准确地识读剖面图和断面图。

◆ 能够运用简化画法。

◆ 能够完成课后实训任务。

素质目标

◆ 培养学生的空间分析能力、形体重组能力以及做事专注的精神。

课时建议

理论课时　6 课时

实践课时　3 课时

项目一　剖面图

一、剖面图的基本概念

1. 概　念

工程上常采用作剖面的办法,即假想用剖切面在形体的适当部位将形体剖开,移去剖切面与观察者之间的部分形体,把原来不可见的内部结构变为可见,将其余的部分投射到投影面上,这样得到的投影图称为剖面图,简称剖面。如图4-1-1至图4-1-3所示。

2. 作　用

对于内部形状或构造比较复杂的形体,使用剖面图可以将虚线变为实线,有利于识图人员读图,同时也便于标注尺寸。

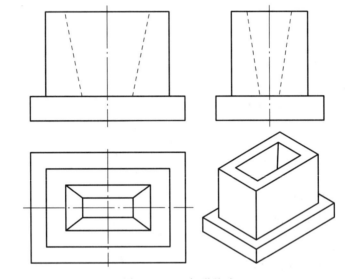

图4-1-1　杯形基础

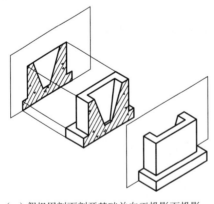

（a）假想用剖面剖开基础并向正投影面投影

（b）基础的正向冲面图

图4-1-2　正向剖面图的产生

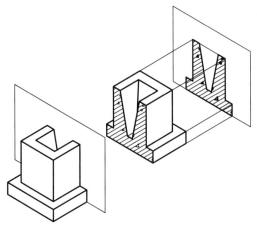

（a）假想用剖面剖开基础并向正投影面投影　　　（b）基础的侧向冲面图

图 4-1-3　W 向剖面图的产生

二、剖面图的画法

1. 确定剖切平面的位置和数量

（1）画剖面图时，应选择适当的剖切平面位置，使剖切后画出的图形能确切、全面地反映所要表达部分的真实形状。

（2）选择的剖切平面应平行于投影面，并且通过形体的对称面或孔的轴线。

（3）一个形体，有时需画几个剖面图，但应根据形体的复杂程度而定。

2. 画剖面图

（1）剖面图除应画出剖切面剖切到部分的图形外，还应画出沿投射方向看到的部分，被剖切面切到部分的轮廓线用粗实线绘制，剖切面没有切到，但沿投射方向可以看到的部分，用中实线绘制。

（2）在制图基础阶段常用粗实线画剖切到的和沿投射方向可见的轮廓线。

3. 画材料图例

（1）为区分形体的空腔和实体，剖切平面与物体接触部分应画出材料图例，同时表明建筑物是用什么材料建成的。

（2）在房屋建筑工程图中应采用表 4-1-1 规定的建筑材料图例。

表 4-1-1　常用建筑材料图例

序号	名称	图例	备注
1	自然土壤		包括各种自然土壤
2	夯实土壤		

序号	名称	图例	备注
3	砂砾土、碎砖三合土	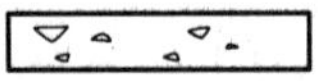	
4	石材	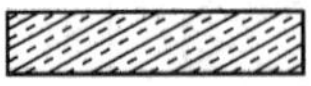	
5	普通砖	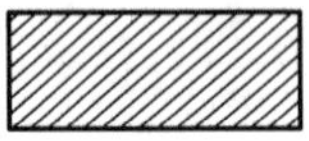	包括实心砖、多孔砖、砌块等砌体。断面较小时不易画出图例线,可涂红
6	耐火砖	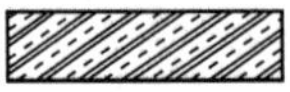	包括耐酸砖等
7	空心砖		包括各种多孔砖
8	饰面砖	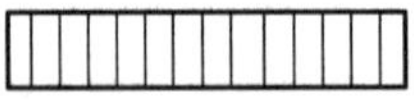	包括铺地砖、马赛克、陶瓷锦砖、人造大理石等
9	焦渣、矿渣	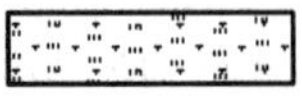	包括与水泥、石灰等混合而成的材料
10	多孔材料	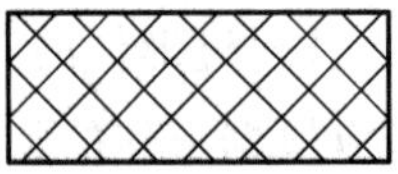	包括水泥珍珠岩、沥青珍珠岩、泡沫混凝土、非承重加气混凝土、泡沫塑料、软木等
11	泡沫塑料材料	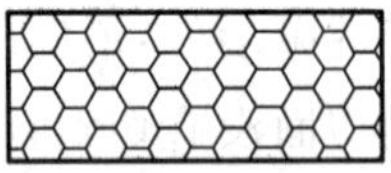	包括聚苯乙烯、聚乙烯、聚氨酯等多孔聚合类材料。用于计算机绘图
12	木材		1. 上排为横断面,上左图为垫木、木砖或木龙骨; 2. 下排为纵断面
13	胶合板	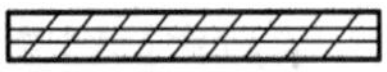	应注明胶合板的层数
14	石膏板	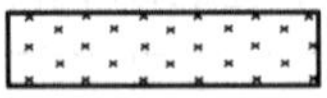	包括圆孔、方孔石膏板,防水石膏板等
15	玻璃	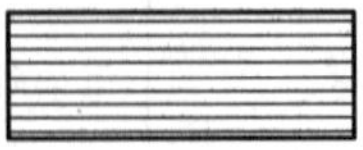	包括平板玻璃、磨砂玻璃、夹丝玻璃、钢化玻璃等
16	混凝土	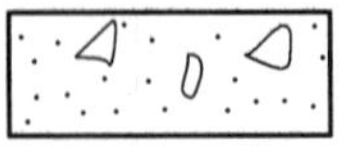	

序号	名称	图例	备注
17	钢筋混凝土	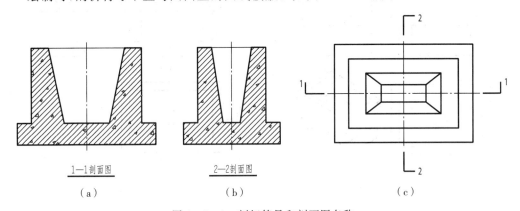	
18	金属材料		
19	砂、粉刷材料		

（3）如未注明该形体的材料，应在相应位置画出同向、同间距并与水平线成 45°角的细实线，也叫剖面线。

4. 省略不必要的虚线

为了使图形更加清晰，剖视图中应省略不必要的虚线。如图 4-1-1 所示。

5. 剖面的剖切符号及剖面图名称

剖切位置及投影方向用剖切符号表示，剖切符号由剖切位置线及剖视方向线组成。剖切位置线的长度，宜为 6～10mm，剖切方向线应与剖切位置线垂直，长度宜为 4～6mm。

绘制时，剖析符号不宜与图面上的图线接触。如图 4-1-4 所示。

1—1剖面图　　　　　2—2剖面图

（a）　　　　　　　（b）　　　　　　　（c）

图 4-1-4　剖切符号和剖面图名称

三、剖面图的绘制注意事项

1. 假想剖切平面

剖面图只是一种表达形体内部结构的方法，其剖切和移去一部分是假想的，因此除剖面图外的其他视图应按原状完整地画出。

2. 剖切平面与投影面平行

形体的剖切平面位置应根据表达的需要来确定。为了完整清晰地表达内部形状，一般说来剖切平面通过门、窗或孔、槽等不可见部分的中心线，且应平行于剖面图所在的投影面。

如果形体具有对称平面，则剖切平面应通过形体的对称平面。

3. 画出剖切符号

剖面图中的剖切符号由剖切位置线和投射方向线两部分组成,剖切位置线用6~10mm长的粗短画表示,投射方向线用4~6mm长的粗短画表示。

剖面的剖切符号的编号宜采用阿拉伯数字,并水平地注写在投射方向线的端部。剖面图的名称应用相应的编号,水平注写在相应的剖面图的下方,并在图名下画一条粗实线,其长度以图名所占长度为准。

4. 剖面图的线型

剖到的构件的轮廓线用粗实线表示;没有被剖到的可见轮廓线用中实线表示。

5. 断面填充材料图例符号

剖到的断面填充材料符号,不知材料图例时,可用等间距、同方向的45°细实线表示。

6. 特殊剖切位置不注剖切符号

对于习惯的剖切位置、半剖、局部剖,可以不标注剖切符号。

7. 剖面图中虚线的表达原则

在表达清楚的情况下,剖面图中尽量不画虚线。

【例1】 绘制图示水槽的正剖面图和左侧剖面图,如图4-1-5所示。

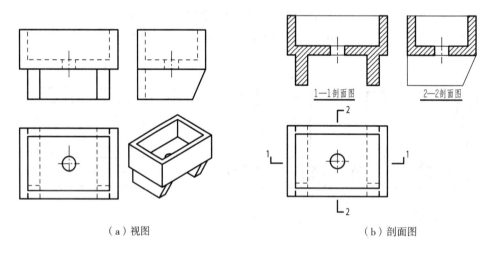

（a）视图　　　　　　　　　　（b）剖面图

图4-1-5　水槽剖面图

分析:图4-1-5(a)是水槽的三面图,其三个投影均出现了许多虚线,使图样不清晰。假想用一个通过水槽排水孔轴线,且平行于V面的剖切面P,将水槽剖开,移走前半部分,将剩余的部分向V面投射,然后在水槽的断面内画上通用材料图例,即得水槽的正剖面图。同理,可用一个通过水槽排水孔的轴线,且平行于W面的剖切面Q剖开水槽,移去Q面的左边部分,然后将形体剩余的部分向W面投射,得到另一个方向的剖面图。图4-1-5(b)为水槽的剖面图。

四、剖面图的种类

采用剖面图的目的是为了更清楚地表达物体内部的形状,因此,如何选择好剖切平面的位置就成为画好剖面图的关键。应使所选择的剖切平面位置通过物体上最需要表达的部位,这样才能有利于把物体内部的形状更理想地显示出来。

1. 全剖面图

全剖面图是用一个剖切平面把物体整个切开后所画出的剖面图。它多用于在某个方向上视图形状不对称或外形虽对称但形状却较简单的物体,如图4-1-6所示。

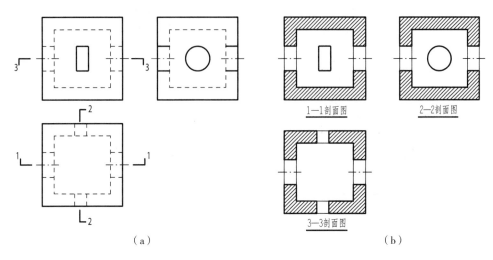

图4-1-6 全剖面图

2. 半剖面图

当物体具有对称面时,可在垂直于该物体对称面的那个投影(其投影为对称图形)上,以中心线(对称线)为界,将一半画成剖面,以表达物体的内部形状,另一半画成视图,以表达物体的外形,这种由半个剖面和半个视图所组成的图形即称为半剖面,如图4-1-7所示。

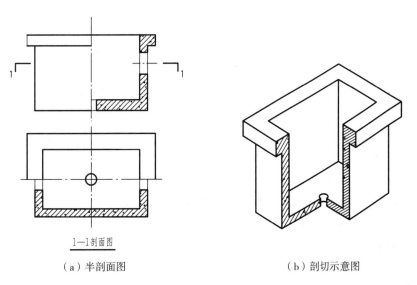

(a)半剖面图 (b)剖切示意图

图4-1-7 半剖面图

3. 局部剖面

当物体的外形比较复杂,完全剖开后就无法表示清楚它的外形时,可以保留原投影图的大部分,而只用剖切平面局部地剖开物体,以显示物体该局部的内部形状,所画出的剖面图称为局部剖面图,如图 4-1-8 和图 4-1-9 所示。

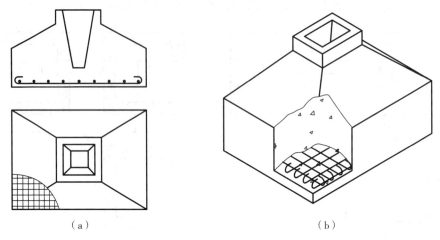

| （a） | （b） |

图 4-1-8 局部剖面图

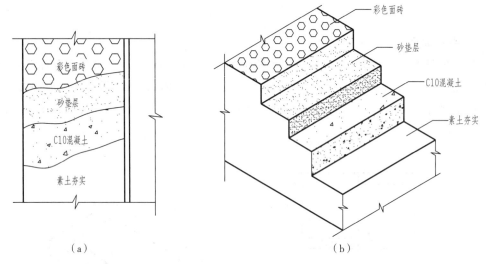

| （a） | （b） |

图 4-1-9 人行道分层局部剖面图

4. 阶梯剖面图

当物体内部的形状比较复杂,而且又分布在不同的层次上时,则可采用几个相互平行的剖切平面对物体进行剖切,然后将各剖切平面所截到的形状同时画在一个剖面图中,所得到的剖面图称为阶梯剖面。如图 4-1-10 所示。

5. 展开剖面图

用两个或两个以上相交剖切平面将形体剖切开,所画出的剖面图,称为展开剖面图。如图 4-1-11 所示。

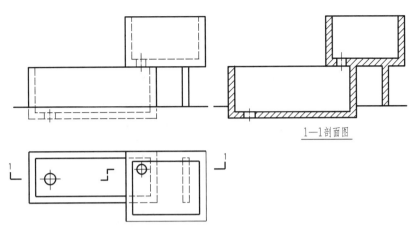

图 4－1－10　模型立体的阶梯剖面图

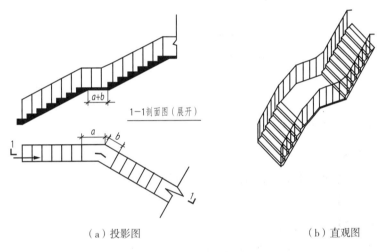

（a）投影图　　　　　　　　　（b）直观图

图 4－1－11　楼梯的展开剖面图

项目二　断面图

一、基本概念

1. 概　念

假想用剖切平面将物体的某处切断,仅画出该剖切面与构件接触部分的图形,这种图就称为断面图。

2. 作　用

用来表示构件的断面形状、大小、使用材料等情况。

3. 断面剖切符号的表示

由剖切位置线和剖切编号两部分组成。剖切位置线长度为 6～10mm 的两段粗实线,表示剖切面的剖切位置。编号标注的一侧为剖视方向。如图 4－2－1 所示。

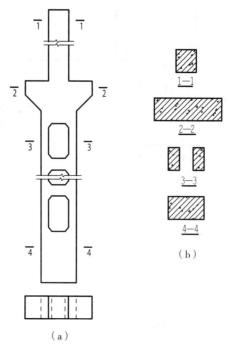

（b）

（a）

图 4-2-1 断面图

二、断面图和剖面图的区别

1. 基本概念不同

断面图——一个面的投影，是剖面图的一部分。

剖面图——一个体的投影。

2. 剖切符号的标注方法不同

断面图的剖切符号——剖切位置线和剖切编号组成。

剖面图——剖切位置线、剖视方向线和剖切编号组成。

3. 断面图的剖切面

断面图的剖切面不能转折，而剖面图的剖切面可以发生转折。如图 4-2-2 所示。

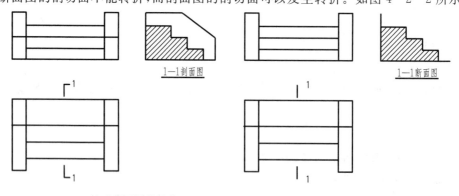

（a）剖面图的画法　　　　　　　　　　（b）断面图的画法

图 4-2-2 剖面图与断面图的区别

建筑工程制图与识图

三、断面图的种类

1. 移出断面

断面图画在形体投影图的外面。

当断面图较多的时候常采用移出断面,往往采用较大比例绘制。移出断面的轮廓线应用粗实线画出,断面部分,应按照国家标准规定用该物体的材料图例表示。如图 4-2-3 所示。

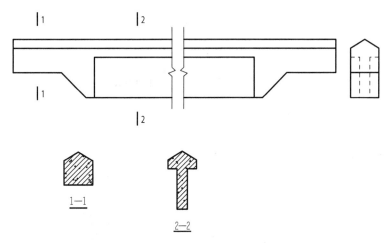

图 4-2-3 移除断面图

2. 重合断面

按照于原图样相同的比例绘制,旋转 90 度后重叠在原图样上。可以不加任何标注,只需在断面图的轮廓之内沿轮廓线边缘画出材料图例。因梁板断面图形较窄,不易画出材料图例,可将其涂黑表示。如图 4-2-4 所示。

当断面不多且断面图形并不复杂时,可以采用重合断面。

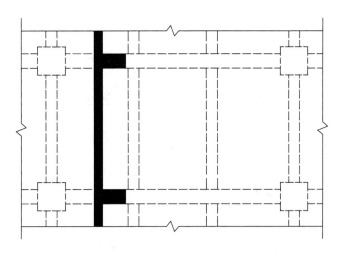

图 4-2-4 重合断面图

3. 中断断面(断裂断面)(图4-2-5)

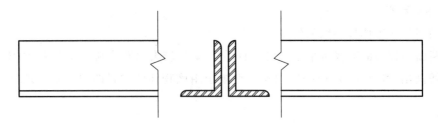

图4-2-5 中断断面图

项目三 简化画法

一、对称简化画法

(1)一个对称轴时,只画出该图形的一半,并画上对称符号,如图4-3-1(a)。

(2)两个对称轴时,只画出该图形的四分之一,并画上对称符号,如图4-3-1(b)。

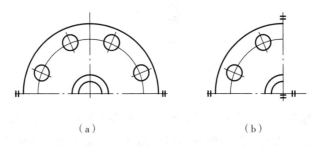

(a) (b)

图4-3-1 对称简化画法示例

(3)对称图形也可稍超出对称线,此时可不画对称符号,而在超出对称线部分画上折断线,如图4-3-2所示。

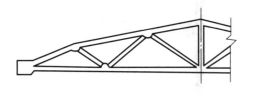

图4-3-2 对称简化画法示例

(4)对称符号:用两平行细实线绘制,平行线的长度宜为6~10mm,两平行线的间距宜为2~3mm,平行线在对称线两侧的长度应相等,两端的对称符号到图形的距离也应相等。

二、相同要素省略画法

建筑物或构配件的图样中,如图4-3-3所示,如果图上有多个完全相同且连续排列的构造要素,可以仅在两端或适当位置画出其完整形状,其余部分以中心线或中心线交点确定它们的位置即可。如连续排列的构造要素少于中心线交点,则其余部分应在相同构造要素位置的中心线交点处用小圆点表示。

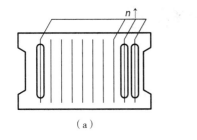
（a）

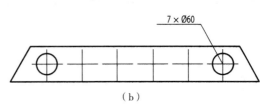
（b）

图 4 - 3 - 3 构配件图样

三、折断简化画法

较长的构件,如沿长度方向的形状相同,或按一定规律变化,可采用断开省略画法。断开处应以折断线表示。应该注意的是:当在用断开省略画法所画出的图样上标注尺寸时,其长度尺寸数值仍应标注构件的全长。如图 4 - 3 - 4 所示。

四、构件局部不用的简化画法

当构件的局部发生变化,而其余部分相同时,可以只画发生变化的部分,相同部分省略,在相同部位的连接处用相同代码的连接符号表示清楚,两个连接符号应对准在同一线上。如图 4 - 3 - 5 所示。

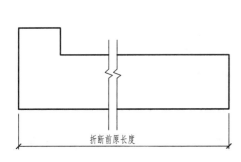

图 4 - 3 - 4 折断简化画法

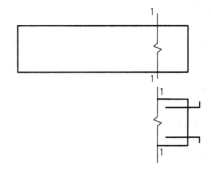

图 4 - 3 - 5 构件局部不同简化画法

模块五　钢筋混凝土结构图

模块概述

在房屋建筑等土木中,都有着起支撑和承重作用的受力构件,这些构件称为结构构件。常见的结构构件有板、梁、柱、基础等,表示结构构件的布置、形状、大小、材料和内部构造及其相互关系的图样称为结构图。结构图包括有结构布置图和构件图。结构布置图表示结构构件的位置、类型和数量以及现浇板中的配筋情况;构件图包括配筋图、模板图和预埋件图等。本章主要介绍钢筋混凝土构件图。

知识目标

◆ 使学生了解建筑结构的分类。

◆ 掌握结构施工图的内容和常用构件代号。

◆ 掌握钢筋混凝土结构图的图示方法。

技能目标

◆ 能准确把握结构施工图的内容和常用构件代号。

◆ 识读基本的钢筋混凝土结构图。

◆ 能在看懂图纸的基础上抄绘钢筋混凝土构件图。

素质目标

◆ 培养学生系统学习知识的能力,让学生在学习中发现乐趣,以乐趣驱动求知。从而养成做事认真细致、专注严谨的态度。

课时建议

理论课时　8课时

实践课时　4课时

项目一 钢筋混凝土结构的基本知识

一、钢筋混凝土的特点

混凝土是由水泥、砂、石子和水按一定比例配合搅拌而成,把它灌入定型模板,经振捣密实和养护凝固后就形成坚固如同天然石材的混凝土构件。混凝土构件的抗压性能好,但是抗拉性能差,受拉容易断裂。钢筋的抗压和抗拉能力都很好,但价格较贵,且易腐蚀。为了解决这一矛盾,充分发挥混凝土的抗压能力,常在混凝土的受拉区域或相应部位加放一定数量的钢筋,使这两种材料有机的结合成一个整体,共同承受外力,这种配有钢筋的混凝土即为钢筋混凝土。用钢筋混凝土制成的构件,称为钢筋混凝土构件。

如图 5-1-1 所示,表示的是梁的受力示意图。图 5-1-1(a)表示的是素混凝土(不含有钢筋)的梁,图 5-1-1(b)表示的是钢筋混凝土梁。梁在承受向下的荷载作用情况下,表现为下部受拉,上部受压。素混凝土梁,由于抗拉能力差,而容易断裂。

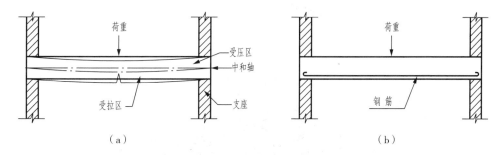

图 5-1-1 钢筋混凝土梁受力示意图

二、钢筋的分类和作用

钢筋混凝土中的钢筋,有的是因为受力需要而配制的,有的则是因为构造需要而配制的,这些钢筋的形状及作用各不相同,一般分为以下几种。

1. 受力钢筋(主筋)

在构件中承受拉应力和压应力为主的钢筋称为受力钢筋,简称受力筋。受力筋用于梁、板、柱等各种钢筋混凝土构件中。在梁、板中的受力筋按形状分,一般可分为直筋和弯起筋,按是承受拉应力还是受压应力分为正筋(拉应力)和负筋(压应力)两种。如图 5-1-2(a)所示。

2. **箍　筋**

承受一部分斜拉应力(剪应力),并固定受力筋、架立筋的位置

所置的钢筋称为箍筋,箍筋一般用于梁和柱中。如图 5-1-2(a)所示。

3. **架立钢筋**

架立钢筋,又叫架立筋。用以固定梁内钢筋的位置,把纵向的受力钢筋和箍筋绑扎成骨架。如图 5-1-2(a)所示。

4. **分布钢筋**

分布钢筋,简称分布筋用于各种板内。分布筋与板的受力钢筋垂直设置,其作用是将承受的荷载均匀地传递给受力筋,并固定受力筋的位置以及抵抗热胀冷缩所引起的温度变形。如图 5-1-2(b)所示。

5. **其他钢筋**

除以上常用的四种类型的钢筋外,还会因构造要求或者施工安装需要而配制有构造钢筋。如腰筋,用于高断面的梁中;预埋锚固筋,用于钢筋混凝土柱上与砖墙砌在一起,起拉结作用,又叫拉接筋;吊环,在预制构件吊装时用。如图 5-1-2(b)所示。

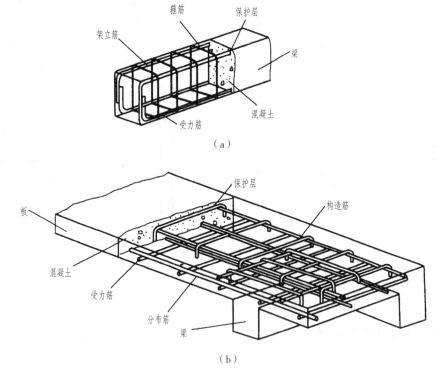

（a）

（b）

图 5-1-2　钢筋的形式

(1)建筑用钢筋,按其产品种类等级不同,分别用不同的直径符号表示,以便标注和识别。如表5-1-1所示。

表5-1-1　钢筋等级与符号

钢筋种类	代　号	钢筋种类	代　号
Ⅰ级钢筋(3号光圆钢筋)	Φ	Ⅴ级钢筋(螺纹形钢筋)	Φ^r
Ⅱ级钢筋(如16锰螺纹、人字纹钢筋)	Φ	冷拉Ⅰ级钢筋	Φ^l
Ⅲ级钢筋(如25锰螺纹、人字纹钢筋)	Φ	冷拉Ⅱ级钢筋	Φ^l
Ⅳ级钢筋(如锰硅钒合金钢)	Φ	冷拉低碳钢丝	Φ^b

(2)钢筋混凝土基础宜设置混凝土垫层,基础中钢筋的混凝土保护层厚度应从垫层顶面算起,且不应小于40mm。

三、钢筋的保护层和弯钩

为了使钢筋在构件中不被锈蚀,加强钢筋与混凝土的黏结力,在各种构件中的受力筋外面,必须要有一定厚度的混凝土,这层混凝土就被称为主筋保护层,简称保护层。保护层的厚度因构件不同而异,如表5-1-2所示。

表5-1-2　混凝土保护层最小厚度(mm)

环境类别	板、墙、壳	梁、柱、杆
一	15	20
二[a]	20	25
二[b]	25	35
三[a]	30	40
三[b]	40	50

注:a. 混凝土强度等级不大于C25时,表中保护层数值增加5mm。

b. 钢筋混凝土基础宜设置混凝垫层,基础中钢筋的混凝土保护层厚度应以垫层顶面算起,且不应小于40mm。

螺纹钢与混凝土黏结良好,末端不需要做弯钩。光圆钢筋两端需要做弯钩,以加强混凝土与钢筋的黏结力,避免钢筋在受拉区滑动。弯钩的形式如图5-1-3所示。

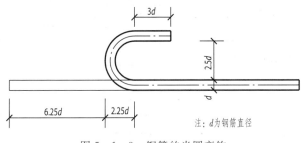

注:d为钢筋直径

图5-1-3　钢筋的半圆弯钩

为了使图纸中表达钢筋更加简洁清晰,一般都采用简化的画法。如图 5-1-4 所示。

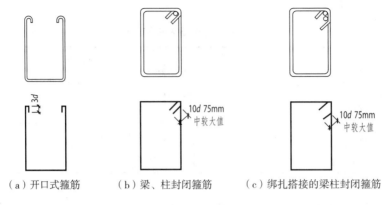

（a）开口式箍筋　　　　（b）梁、柱封闭箍筋　　　（c）绑扎搭接的梁柱封闭箍筋

图 5-1-4　箍筋的形状

项目二　钢筋混凝土结构图的图示方法

钢筋混凝土结构图包括结构布置图和构件图,我们主要学习钢筋混凝土构件图。

钢筋混凝土构件图又分为配筋图、模板图和预埋件图。配筋图包括有平面图、立面图、断面图和钢筋详图等,主要表示构建内部的钢筋配置、形状、数量和规格,是钢筋混凝土构件图的主要图样。

一、钢筋的表示方法

在结构图中,为了突出表示钢筋的配置情况,《建筑结构制图标准》(GB/T 50105—2010)规定,构件轮廓线用中或细实线画出,图内不画材料图例,钢筋的立面用粗实线表示,钢筋的断面用涂黑的圆点表示;不可见的钢筋用粗虚线表示,预应力钢筋用粗双点划线表示。如表 5-2-1 所示。

表 5-2-1　钢筋的画法

序号	名　称	图　例	说　明
1	钢筋横断面	●	
2	无弯钩的钢筋端部		下图表示长、短钢筋投影重叠时,短钢筋的端部用 45°斜划线表示
3	带半圆形弯钩的钢筋端部		
4	带直钩的钢筋端部		
5	带丝扣的钢筋端部		

序号	名 称	图 例	说 明
6	无变钩的钢筋搭接		
7	带半圆弯钩的钢筋搭接		
8	带直钩的钢筋搭接		
9	花篮螺丝钢筋接头	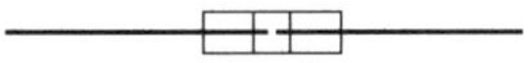	
10	机械连接的钢筋接头		用文字说明机械连接的方式（冷挤压或锥螺纹等）

国标中还规定,在钢筋混凝土结构图中,钢筋的画法应符合表 5-2-2 的规定。

表 5-2-2 钢筋的画法

序号	说 明	图 例
1	在结构平面图中配置双层钢筋时,底层钢筋的弯钩应向上或向左,顶层的钢筋的弯钩应向下或向右	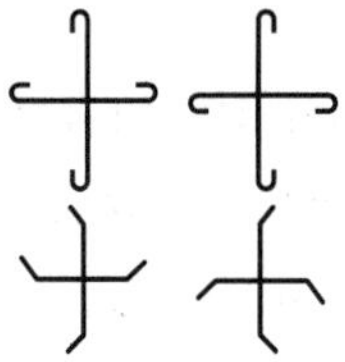
2	钢筋混凝土配双层钢筋时,在钢筋立面图中,远面钢筋的弯钩应向上或向左,近面的钢筋应向上或向右(JM近面,YM远面)	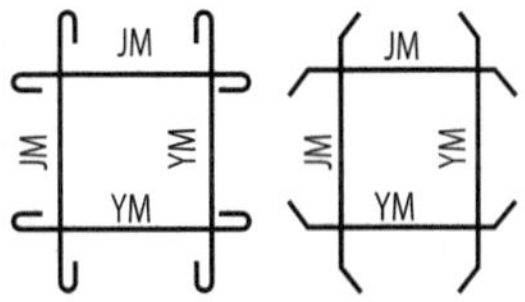
3	若在断面图中不能表达清楚的钢筋布置,应在断面图外增加钢筋大样图(如钢筋混凝土墙、楼梯等)	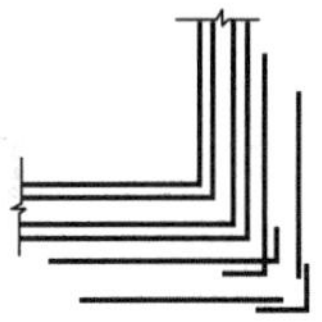
4	图中所表示的钢筋、环筋等若布置复杂时,可加画钢筋大样图及说明	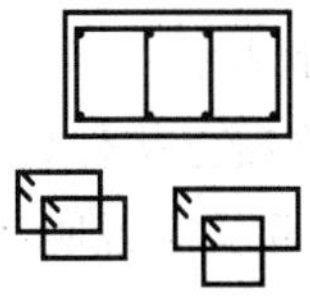
5	每组相同的钢筋、箍筋或环筋,可用一根粗实线表示,同时用一两端带斜短画线的横穿细线,表示其余钢筋及起止范围	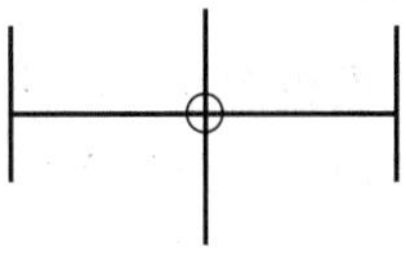

二、钢筋的标注方法

构件内的钢筋要加以说明标注,要标注出钢筋的编号(简单的构件、钢筋可不编号)、数量(或间距)、类别和直径。这些内容一般应标注在引出线的上方。引出线一端画一直径为 6mm 的细实线圆圈,圈内写上编号。如图 5-2-1 所示。

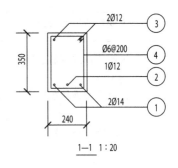

图 5-2-1　钢筋的标注

钢筋的标注有下面两种形式:

(1)标注钢筋的根数和直径,如梁内受力筋和架立筋。

①2φ14 其含义是"①号钢筋 2 根直径为 14mm 的 HRB335 级钢筋"(通常又叫Ⅱ级钢筋,下同)。

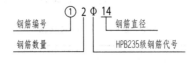

图 5-2-2　钢筋的标注形式(一)

(2)标注钢筋的直径和相邻钢筋中心距,如梁内箍筋和板内钢筋。

④φ6@200 其含义是"④号钢筋直径为 6mm 的 HPB235 级钢筋(通常又叫Ⅰ级钢筋),每隔 200mm 放一根。"

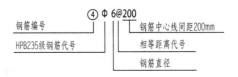

图 5-2-3　钢筋的标注形式(二)

项目三　钢筋混凝土构件详图

钢筋混凝土结构构件的形状、大小、材料、内部构造和连接情况等,需用各承重构件的构件详图来表示。

钢筋混凝土构件详图是加工制作钢筋,浇注混凝土的依据,其内容包括模板图、配筋图、钢筋表和文字说明四部分。

一、模板图

构件模板图是为浇注构件混凝土绘制的。主要表示构件的长、宽、高和预埋件的位置、数量。然而对外形简单的构件,一般不必单独绘制模板图,只需在配筋图中把梁的尺寸标注清楚即可。如图 5-3-1 所示。

模板图的外轮廓线一般用细线绘制。梁的纵断面图和横断面图可用两种比例绘制。

二、配筋图

在配筋图中,钢筋用粗实线绘制,并对不同形状、不同规格的钢筋进行编号。配筋图主要用来表示梁内部钢筋的布置情况。内容包括钢筋的形状、规格、级别和数量、长度等。如图 5 - 3 - 1 所示。

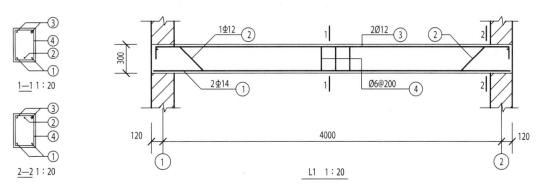

图 5 - 3 - 1　钢筋混凝土梁 L1

三、钢筋表

内容包括构件编号、钢筋编号、钢筋简图及规格、数量和长度等。如表 5 - 3 - 1 所示。

表 5 - 3 - 1　钢筋表

钢筋编号	钢筋规格	简　　图	长度/mm	数量
①	Φ14	①　2Φ14　l=4390 3790	4390	2
②	Φ12	270　424 150　②　1Φ12　l=4938 2740	4938	1
③	Φ12	80　③　2Φ12　l=4550	4550	2
④	Φ6	75 300　④　Φ6@150　l=1130 190	1130	24

说明: 1. 材料: 混凝土强度为C20;
　　　2. 钢筋保护层厚度为25mm。

在编制钢筋表时,要正确处理以下问题。

1. 确定形状和尺寸

从说明 2 中可以知道,主筋保护层厚度为 25mm,梁 L1 的总长为 4440,总高为 350,各编号钢筋的计算方法是:

①号钢筋长度应该是梁长减去两端保护层厚度，即 $4440-25\times2=4390$。

②号钢筋和③、④号钢筋的计算方法如图 $5-1-6$，②、③号钢筋按外包尺寸计算，④号钢筋在工程上一般都是按内皮尺寸计算，即按主筋的外皮尺寸确定。

2. 钢筋的成型

在混凝土构件中的钢筋，螺纹钢端部如果符合锚固要求，可以不做弯钩；若锚固需要做弯钩者，只做直钩，如②号钢筋。圆钢端部弯钩为半圆弯钩，图中③号钢筋为圆钢，为此一个弯钩的长度为 $6.25d$，实际计算长度为 75mm，施工中取 80mm。④号钢筋应为 $135°$ 的弯钩，根据"$10d,75\text{mm}$ 较大值"，所以 $\phi6$ 的箍筋应取 75。

模块六　房屋建筑图

模块概述

　　房屋是供人们生活、生产、学习和娱乐的场所,与人们关系密切相关。

　　房屋建筑图:将一幢拟建房屋的内外形状和大小,以及各部分的结构、构造、装修、设备等内容,按照"国标"的规定,用正投影方法详细准确地画出图样。 它是用以指导施工的一套图纸,所以又称为"施工图"。

知识目标

　　◆ 掌握建筑施工图的用途和内容。

　　◆ 掌握建筑施工图中常用的符号含义。

　　◆ 掌握建筑施工图的读图方法并能正确识读。

　　◆ 掌握绘制建筑施工图的方法和要求。

技能目标

　　◆ 能准确把握建筑施工图的内容和常用构件代号。

　　◆ 能准确识读建筑平面图、立面图、剖面图和建筑详图。

　　◆ 能在看懂图纸的基础上抄绘钢建筑施工图。

素质目标

　　◆ 培养学生系统学习知识的能力,让学生在学习中发现乐趣,以乐趣驱动求知。从而养成做事认真细致、专注严谨的态度。

课时建议

　　理论课时　10 课时

　　实践课时　10 课时

项目一　概　述

一、房屋的组成及其作用

　　如图 6-1-1 所示为一栋建筑的轴测示意图;由此可以看出,房屋是由许多构配件组成的。组成建筑结构的元件叫构件,如基础、墙、柱、梁、楼板等;具有某种特定功能的组装件叫配件,如门、窗、楼梯等。

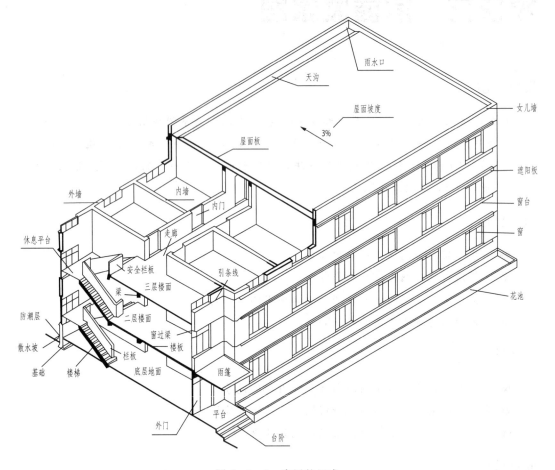

图 6-1-1 房屋的组成

从图中可以清楚地观察到一栋建筑的组成:基础(梁)、回填土(不是房屋的一部分)、墙(内外墙)、地面、楼面、屋面(隔热层、女儿墙、檐口线)、楼梯(雨篷、休息平台、安全板、梯间窗)、户门(房门)、梁、柱、窗户(窗台板、窗扇)、其他细部构件(阳台、勒脚、散水、排水沟、防潮层、雨水管)。

二、施工图的产生及其分类

房屋建造需两个阶段:设计、施工。

房屋建筑图(施工图)的设计也需两个阶段:初步设计、施工图设计(对一些复杂工程,还应增加技术设计(扩大初步设计)阶段,为调节各工种的矛盾和绘制施工图作准备)。

1. 初步设计阶段

初步设计称为方案设计。设计人员根据建设单位的要求,通过调查研究、收集资料、反复构思,进行初步设计,做出方案图。分为以下三个工作阶段。

(1)设计前的准备；

(2)方案设计；

(3)绘制初步设计图。

方案完成后，应报有关部门审评。

2. 施工图设计阶段

注意是将已经批准的初步设计图，按照施工的要求给予具体化，提供完整的、准确地反映建筑物整体以及各细部构造和结构的图样，以及有关技术资料。

一套完整的施工图，应包括：

(1)图纸目录

(2)设计总说明

(3)建筑施工图（建施）

主要用于表达建筑物的规划位置、外部造型、内部各房间的布置、内外装修及构造施工要求等。是建筑施工放线、砌筑、安装门窗、室内外装修和编制施工概算及施工组织计划的主要依据。一般包括施工图首页、总平面图、各层平面图、立面图、剖面图及详图等。

(4)结构施工图（结施）

主要用于表达建筑物承重结构的结构类型、结构布置、构件种类、数量、大小、作法等。是基础、柱、梁、板等承重构件以及其他受力构件施工的依据。一般包括结构设计说明、基础图、结构平面布置图及各构件的构件详图等。

(5)设备施工图（设施）

主要用于表达建筑物的给水排水、暖气通风、供电照明、燃气等设备的布置和施工要求。一般包括各种设备的平面布置图、轴测图、系统图及详图等。

三、施工图的图示特点

(1)施工图中的各图样，主要是用正投影法绘制。

当图幅内不能同时排列建筑物的平面图、立面图和剖面图时，可将他们分别单独画出。

(2)选用适当的比例。

房屋形体较大，施工图一般采用较小比例绘制。为了反映建筑物的细部构造及具体做法，常配以较大比例的详图，并用以文字加以说明。施工图中常用比例参见表 6-1-1 所示。

表 6-1-1   常用比例

图　名	常　用　比　例
总平面图	1∶500　1∶1000　1∶2000
平面图、立面图、剖面图	1∶50　1∶100　1∶200
详图	1∶1　1∶5　1∶10　1∶20　1∶50

(3)由于房屋的构、配件和材料种类较多，为了表达简便明确，国家制图标准规定了一

系列相应的符号和图例。

四、阅读施工图的步骤

一套房屋的施工图纸,简单的有几张,复杂的有十几张,几十张甚至上百张,如何进行阅读呢?

阅读施工图之前除了具备投影知识和形体表达方法外,还应熟识施工图中常用的各种图例和符号。

(1)看图纸的目录,了解整套图纸的分类,每类图纸张数。

(2)按照目录通读一遍,了解工程概况(建设地点、环境、建筑物大小、结构、建设时间等)。

(3)根据负责内容,仔细阅读相关类别的图纸。阅读时,应按照先整体后局部,先文字后图样,先图形后尺寸的原则进行。

项目二   施工图中常用的符号标注方法

为了保证房屋施工图的制图质量、提高效率、表达统一和便于阅读,国家制图标准对常用的符号及其标注方法做了明确的规定。

一、定位轴线

用来确定主要承重结构和构件(承重墙、梁、柱、屋架、基础等)的位置。以便施工时定位放线和查阅图纸。

1. 国标规定定位轴线的绘制

线型:细单点长划线;

轴线编号的圆:细实线,直径 8mm;

编号(以平面图为例):水平方向,从左向右依次用阿拉伯数字编写;

竖直方向,从下向上依次用大写拉丁字母编写。如图 6-2-1 所示。

(注:不能用 I、O、Z,以免与数字 1、0、2 混淆。)

2. 标注位置

图样对称时,一般标注在图样的下方和左侧;图样不对称时,以下方和左侧为主,上方和右侧也要标注。

3. 分轴线的标注

对应次要承重构件,不用单独划为一个编号,可以用分轴线表示。

表示方法:用分数进行编号,以前一轴线编号为分母,阿拉伯数字(1、2、3)为分子依次编写。如图 6-2-2 所示。

4. 详图中的轴线编号

一个详图适用于几根轴线时,应同时注明各有关轴线的编号,如图 6-2-3 所示。通用详图的定位轴线,应只画圆,不注写轴线编号。

图 6-2-1　定位轴线的编号　　　　　　　　　　图 6-2-2　分轴线符号

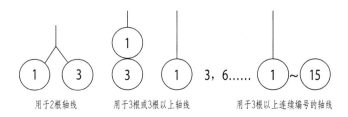

用于2根轴线　　　用于3根或3根以上轴线　　　用于3根以上连续编号的轴线

图 6-2-3　详图的轴线编号

二、标高符号

标高是标注建筑物高度的一种尺寸形式。

标高有绝对标高和相对标高两种。

绝对标高:我国把青岛附近黄海海平面的平均高度定位绝对标高的零点,其他各地标高都是以它为基准测量而得的。总平面图中所标注标高为绝对标高。

相对标高:在建筑物的施工图上要注明许多标高,如果全用绝对标高,不但数字烦琐,而且不容易得出各部分的高差。因此,除总平面图外,一般都采用相对标高,即将房屋底层室内地坪高度定位相对标高的零点"±0.000"。

标高的单位为米(m)。标高数字一般注写到小数点后第三位,在总平面图中,可注写到小数点后两位。

在总平面图、平面图、立面图、剖面图上,经常有需要标注高度的地方。不同图样上的标高符号的绘制各不相同。如图 6-2-4 所示。

标高符号为等腰直角三角形,应按照图 6-2-4 所示形式以细实线绘制。总平面图中和底层平面图中的室外地坪标高用涂黑的三角形表示。

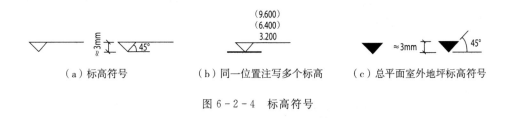

（a）标高符号　　　（b）同一位置注写多个标高　　　（c）总平面室外地坪标高符号

图 6-2-4　标高符号

当不同标高位置的施工图样完全相同时,可使用一张图纸,只需在一个标高符号上标注整个标高数字。

如标高数字前有"—"号，表示该完成面低于零点标高。

三、索引符号和详图符号

在图样中的某一局部或构件未表达清楚，只需另见详图已得到更详细的尺寸及构造做法时，为了方便施工时查阅图样，用索引符号可以清楚地表示出详图的编号，详图的位置和详图所在图纸的编号。按国标要求，标注方法如下：

当索引符号用于索引剖面详图时，应在被剖切的部位绘制剖切位置线，引出线所在一侧应为投射方向。如图 6-2-5 所示。

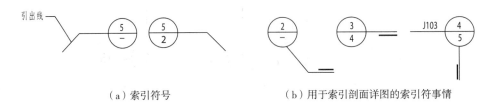

（a）索引符号　　　　　　　　　　（b）用于索引剖面详图的索引符事情

图 6-2-5　索引符号

编号方法：上半圆用阿拉伯数字表示详图的编号；下半圆用阿拉伯数字表示详图所在图纸的图纸号；若详图与被索引的图样在同一张图纸上，下半圆中间画一水平细实线；如详图为标准图集上的详图，应在索引符号水平直径的延长线上加注标准图集的编号。如图 6-2-6 所示。

（a）详图与被索引的图样　　（b）详图与被索引的图样　　（c）详图在标准图集上
在同一张图纸　　　　　　　不在同一张图纸

图 6-2-6　详图索引符号的含义

详图符号——表示详图的位置和编号。

绘制方法：粗实线，直径 14mm。

编号方法：当详图与被索引的图样不在同一张图纸上时，过圆心画一水平细实线。上半圆用阿拉伯数字表示详图的编号，下半圆用阿拉伯数字表示被索引图纸的图纸号。

当详图与被索引的图样在同一张图纸上时，圆内不画水平细实线，圆内用阿拉伯数字表示详图的编号。如图 6-2-7 所示。

（a）详图与被索引的图样　　　（b）详图与被索引的图样
在同一张图纸上　　　　　　　在不同一张图纸上

图 6-2-7　详图符号

四、指北针

指北针用于表示房屋的朝向,指针尖所指方向为北方。指北针的圆用细实线绘制,直径 24mm,指针尾部的宽度为 3mm,如图 6-2-8 所示。需要用较大的直径绘制指北针时,指针尾部的宽度宜为直径的 1/8。

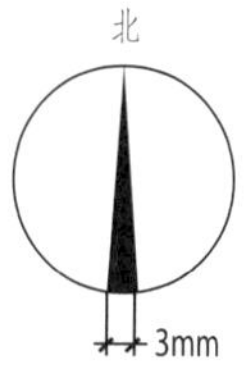

图 6-2-8 指北针

五、图名与比例

图名一般注写在图样下方居中的位置。图样的比例应为图形与实物相对应的线性尺寸之比。比例宜注写在图名的右侧,比例的字高应比图名的字高小一号或两号。图名下用粗实线绘制底线,底线应与字取平。如图 6-2-9 所示。

平面图 1:100

（a）

⑤ 1:20

（b）

图 6-2-9 图名与比例

项目三　建筑施工图

一套完整的房屋施工图的图样包括建筑施工图、结构施工图、设备施工图。本节主要介绍建筑施工图。

单元一　施工总说明

施工总说明主要是对施工图上未能详细注写的用料和做法等要求做出具体的文字说明。

一、设计依据:立项,规划许可证

二、建筑规模

占地面积——建筑物底层外墙皮以内所有面积之和;

建筑面积——建筑物外墙皮以内各层面积之和。

三、标　高

相对标高——以建筑物底层室内地面为零的标高;

绝对标高——以青岛黄海平均海平面的高度为零点的标高。

四、装修做法:地面、楼面、墙面等的装修做法

五、施工要求

(1)严格执行施工验收规范中的规定;

(2)对图纸中不详之处的补充说明。

施工总说明一般放在一套施工图的首页。

单元二　总平面图

一、形成及用途

形成：将拟建工程四周一定范围内的新建、拟建、原有和拆除的建筑物、构筑物连同其周围的地形地貌(道路、绿化、土坡、池塘等)，用水平投影方法和行营的图例所画出的图样，为总平面图(总平面布置图)。

用途：可以反映出上述建筑的形状、位置、朝向以及与周围环境的关系，它是新建筑物施工定位、土方设计、施工总平面图设计的重要依据。

二、图示内容

(1)图名、比例。

(2)使用国标规定的图例(参考表6-2-1所示)，表明各建筑物和构筑物的平面形状、名称和层数，以及周围地形地物和绿化等的布置情况。

(3)新建建筑(隐蔽工程用虚线)的定位(可以用坐标网或相互关系尺寸表示)。

(4)注明新建房屋底层室内地面和室外整平地面的绝对标高。

(5)指北针或风玫瑰图。

(6)补充图例，对于国标中缺乏规定或不常用的图例，必须在图中绘制清楚，并注明其名称。

三、线　型

(1)新建建筑——粗实线；

(2)原有建筑——细实线；

(3)计划预留地——中虚线；

(4)拆除建筑——细实线加叉号。

四、总平面图的阅读

(1)查看图名、比例、图例及有关文字说明，了解用地功能和工程性质；

(2)查看总体布局，了解用地范围内建筑物和构筑物(新建、原有、拟建、拆除)、道路、场地和绿化等布置情况；

(3)查看新建工程，明确建筑类型、平面规模、层数；

(4)查看新建工程相邻建筑、道路等周边环境，新建工程一班根据原有建筑或者道路来定位，查找新建工程的定位依据，明确新建工程的具体位置和定位尺寸；

(5)查看指北针或风向频率玫瑰图，可知该地区常年风向频率，明确新建工程朝向；

(6)查看新建建筑底层室内地面、室外整平地面、道路的绝对标高，明确室内外地面高差，了解道路控制标高和坡度。

表 6-2-1 常用建筑总平面图图例

名　称	图　例	说　明	名　称	图　例	说　明
新建的建筑物	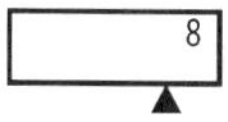 `8`　▲	①需要时可用▲表示出入口,可在图形内右上角用点数或数字表示层数;②建筑物外形用粗实线表示	露天桥式起重机		
	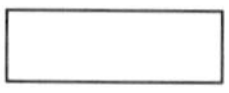		截水沟或排水沟	 `40.00`	"1"表示 1‰ 的沟底纵向坡度;"40.00"表示变坡点间距离;箭头表示水流方向
原有的建筑物		用细实线表示	坐标	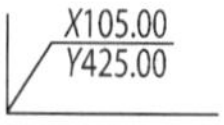 X105.00 Y425.00 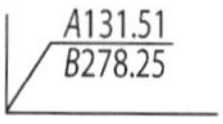 / A131.51 B278.25	上图表示测量坐标;下图表示建筑坐标
计划扩建的预留地或建筑物		用中虚线表示	填挖边坡		边坡较长时可在一端或两端局部表示;下边线为虚线时表示填方
拆除的建筑物		用细实线表示	护坡		
散状材料露天堆场		需要时可注明材料名称	雨水井		
其他材料露天堆场或露天作业场			消火栓井		
铺砌场地			室内标高	151.00	
树木与花卉		各种不同的树木有多种图例	室外标高	▼	
草坪			桥梁		上图为公路桥;下图为铁路桥;用于旱桥时应注明
坑槽					
围墙及大门	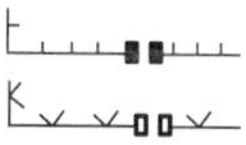	上图为实体性质的围墙,下图为通透性质的围墙,如仅表示围墙时不画大门	原有道路		
			计划扩建的道路	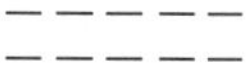	
烟囱		实线为烟囱下部直径,虚线为基础,必要时可注写烟囱高度和上、下口直径	新建道路	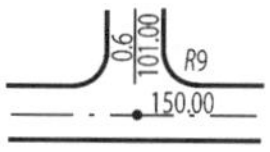 R9 101.00 150.00	"R9"表示道路转弯半径为9m;"150.00"表示路面中心标高,"0.6"表示0.6%的纵向坡度;"101.00"表示变坡点间距离

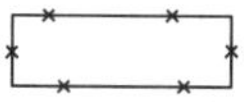

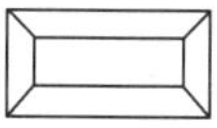

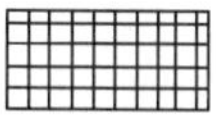

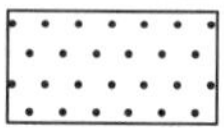

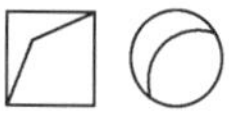

五、图示实例

如图 6-3-1 所示为某学院的总平面图,从图中可以看到以下内容。

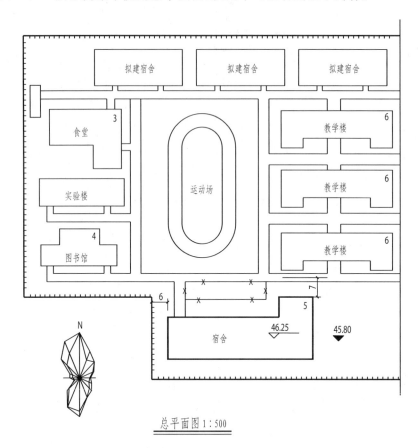

总平面图 1:500

图 6-3-1　总平面图

1. 图名、比例以及有关文字说明

从图名和图中各建筑所标注的名称,可以了解工程的性质和概况,可知新建建筑为某学院的学生宿舍楼。总平面图因包含的范围较大,所以绘制时选用的比例都较小,如 1:500、1:1000、1:2000 等,该图选用的是 1:500。

2. 新建建筑的位置和朝向

建筑的位置可用定位尺寸或坐标确定。该总平面图中是用定位尺寸来确定新建房屋的位置,根据围墙和北侧道路中心线定位。从图中的风玫瑰图可得知建筑朝向。

3. 新建建筑的平面形状、层数和室内外地坪标高

各个建筑平面图形内右上角的数字或小黑点数,表示建筑的层数。该新建宿舍楼为五层。

4. 新建房屋周围的情况

新建宿舍楼北侧有运动场和教学楼,南面和东面为学院外围墙,西侧为未建设空地。

单元三 建筑平面图

一、形成及作用

1. 形 成

假想用一水平的剖切面沿门窗洞口位置将房屋切开,将剖切面以上的部分移去,对剖切面以下部分所作出的水平剖面图,为建筑平面图(简称平面图)。

2. 用 途

反映房屋的平面形状、大小和房间的布局,水平方向各部分的布置和组合关系、门窗洞口的位置、尺寸,墙、柱的尺寸及使用的材料等。是施工放线、砌墙和安装门窗等的依据。施工图中最基本的图样之一。

3. 数量的确定

原则上房屋有几层,就画几个平面图,在图的正下方注明图名。除此之外还应有一个屋顶平面图(简单房屋也可没有)。当房屋的中间各层房间的数量、大小、布置均相同时,可用一个"标准层平面图"表示。

断面材料的表示:比例大于 1∶50 时,画出材料图例和抹灰层的厚度。比例小于等于 1∶100 时,可以不画抹灰层的厚度,材料图例可采用简化画法(钢筋混凝土涂黑)。

二、建筑平面图中常用的建筑配件图例

表 6-3-1 建筑平面图中部分建筑配件图例

名 称	图 例	说 明
楼 梯	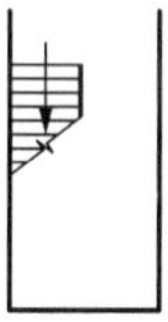 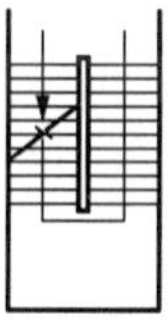 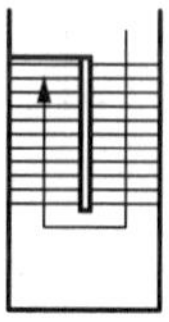	1. 左图为底层楼梯平面图,中图为中间层楼梯平面图,右图为顶层楼梯平面图 2. 楼梯的形式及踏步级数按实际情况绘制
检查孔		左图为可见检查孔,右图为不可见检查孔
孔 洞		
坑 槽		
墙预留孔	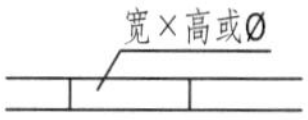 宽×高或Ø	

名　称	图　例	说　明
墙预留槽	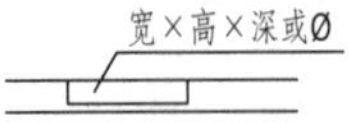 宽×高×深或∅	
烟　道		
通风道	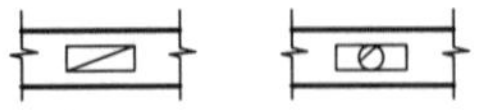	
空门洞	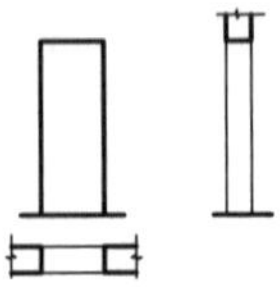	
单扇门 （包括平开门 和单面弹簧门）	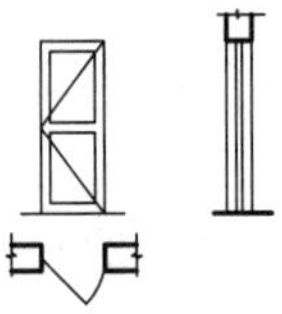	1. 门的名称代号用 M 表示； 2. 剖面图左为外，右为内，平面图下为外，上为内； 3. 立面图上开启方向线交角的一侧为安装合页的一侧，实线为外开，虚线为内开； 4. 立面形式应按照实际情况绘制
双扇门 （包括平开门 或单面弹簧门）	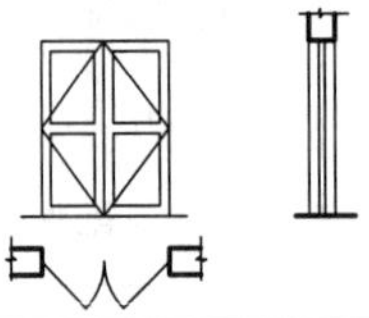	
单扇双面 弹簧门	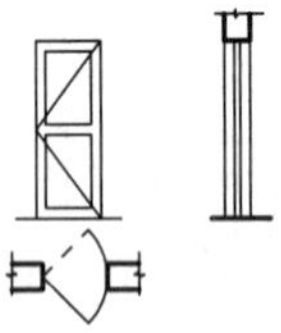	同上
双扇双面 弹簧门	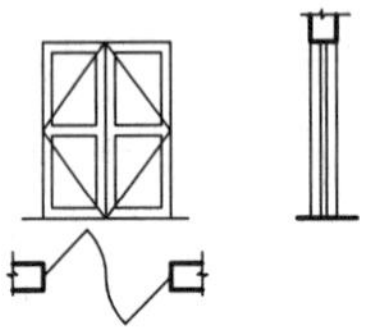	同上
单扇固定窗	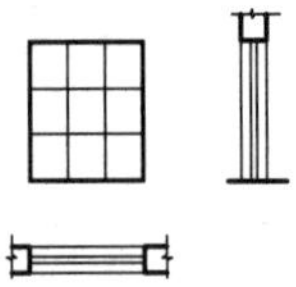	1. 窗的名称代号用 C 表示； 2. 剖面图左为外，右为内，平面图下为外，上为内； 3. 立面图上开启方向线交角的一侧为安装合页的一侧，实线为外开，虚线为内开； 4. 立面形式应按照实际情况绘制
单层外开 上悬窗	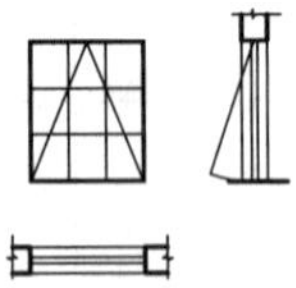	

名　称	图　例	说　明
单层中悬窗	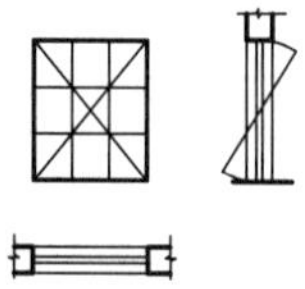	同上
单层外开平开窗	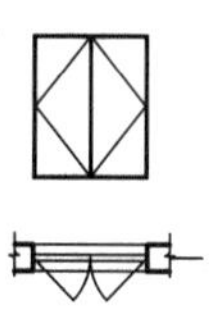	同上
单层内开平开窗	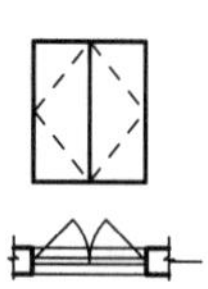	同上

三、图示内容

建筑平面图内应包括剖切到的和投影方向可见的建筑构造、构配件以及必要的尺寸、标高等。

(1)图名、比例,平面图常用的比例为 1：50、1：100、1：200;

(2)纵横定位轴线及其编号;

(3)各房间的组合、分隔和名称,墙、柱的断面形状及尺寸;

(4)门窗图例和编号;

(5)楼梯梯段的形状、梯段的走向和级数;

(6)平面图中应标注的尺寸和标高;

(7)详图索引符号;

(8)其他构件,如花池、室外台阶、散水、雨水管、阳台、雨篷等的位置、形状和尺寸,以及厕所、盥洗室和厨房等固定设施的布置等;

(9)在底层平面图中应画出剖切符号,表明剖面图的剖切位置、剖视方向及编号,以及表示房屋朝向的指北针。

四、线　型

(1)粗实线:被剖切平面剖到的墙、柱的断面轮廓线;

(2)中实线:门的开启线、尺寸起止符号;

(3)细实线:未剖到的构件轮廓线(如:台阶、散水、窗台、各种用具设施)尺寸线;

(4)单点长划线:定位轴线。

五、其他各层平面图和屋顶平面图

1. 标准层平面图

准层与底层平面图的区别：

(1)房间布置；

(2)墙体厚度(柱的断面)；

(3)建筑材料；

(4)门与窗。

2. 屋顶平面图

屋顶排水情况，如排水分区、天沟、屋面坡度雨水口的位置等；

突出屋面的物体，如电梯机房、楼梯间、水箱、天窗、烟囱、检修孔、屋面变形缝等的位置。

3. 地下室平面图

当建筑物有地下室时，地下室平面图的识读需要对照底层平面图，了解地下室与上部建筑在建筑功能、垂直交通等方面的对应关系。地下室可能仅作为车库使用，或者作为底层平面功能空间向下的延伸，如展厅、商场等，也可能是人防地下室，人防地下室一般分平时车库和战时人防地下室两种功能。这两种功能平面布局相差很大，需要特别注意识读清楚。

六、平面图的阅读

(1)查阅建筑物的朝向、形状，主要房间的布置及相互关系；

(2)复核建筑物各部分的尺寸；

(3)查阅建筑物墙体采用的建筑材料，查阅时要结合设计说明阅读；

(4)查阅各部分的标高，房间、楼梯间、卫生间和室外地面标高；

(5)核对门窗尺寸及数量；

(6)查阅附属设施的平面位置；

(7)阅读文字说明，查阅对施工及材料的要求。

七、平面图的绘制

1. 选比例定图幅进行图面布置

2. 画铅笔线图

(1)画图框和标题栏，并画出定位轴线；

(2)画出全部墙厚，柱断面和门窗位置；

(3)画细部，图门窗、楼梯、台阶等；

(4)初步校核，检查已画图形是否正确；

(5)按线型要求加深图线；

(6)标注尺寸，注写符号和文字说明；

(7)复核。

3. 按线型的要求描图

八、图示实例

现以图 6-3-2 所示某宿舍楼的底层平面图为例,说明平面图所表达的内容和图示方式。

(1)从图名和比例可知,该图为底层平面图,比例为 1：100。

(2)从底层平面图中的指北针所示可知房屋的朝向,该宿舍楼入口朝北,各房间内的阳台布置朝向南面。

(3)从图中的定位轴线和编号及其距离,可知各承重构件的位置及房间的大小。该图的横向轴线为 1～9,竖向轴线为 A～F。

(4)从图中可知该建筑的平面布置和交通情况。房屋西北 1～2 轴线为主要出入口,上三步台阶进入建筑,入口正对楼梯间。楼梯是供上下楼层交通之用,图中"上 22 级"指底层到二层共 22 级踏步。该建筑每层共有 9 间宿舍,每间宿舍都有独立的卫生间及阳台,房间内均设有储存柜以方便使用。底层北向是一外走廊,走廊的东部端头为该建筑的次要出入口,设有门 M4 和三步室外台阶。该入口的北侧设有公共盥洗室和杂物间,南侧为另一个楼梯间,确保安全疏散。

(5)从图中门窗的图例及其编号,可了解门窗的类型、数量及其位置。平面图中常采用国标规定的构造及配件图例,详见表 6-3-1。门、窗除采用图例外,还应进行编号,门的代号为 M,窗的代号为 C,如 M1、M2、M3…和 C1、C2、C3…。统一编号表示统一类型的门窗,它们的构造尺寸都一样。通常在图纸中会附有门窗表。假想剖切平面以上的高窗等,可在与它同一层平面图上用虚线表示,如图中的 C2。

(6)图中的尺寸标注。从各道尺寸标注,可以了解到各房间的开间、进深,墙体与门窗及室内设备的大小和位置。尺寸标注包括外部尺寸和内部尺寸。

外部尺寸表示房屋外墙上的各种尺寸,一般最外部一道为外轮廓总尺寸,表示房屋的总长和总宽,本图中房屋的总长和总宽分别为 29040 和 12240。一道是轴线间尺寸,表示轴线之间的距离,反映房屋的开间和进深。本图中宿舍、楼梯间、盥洗室和杂物间的开间均为 3600,宿舍进深为 7200,走廊宽 2400,盥洗室和杂物间进深为 3900。最里面一道为细部尺寸,表示沿外墙上的门、窗洞宽和位置、窗间墙和柱的大小和位置等详细尺寸;如本图中宿舍中的 M1、C2,M1 宽度为 900,距两侧轴线分别为 320、180;C2 窗为高窗,窗宽为 900,距轴线为 650。另外,台阶等细部构件的尺寸,可单独就近标注。三道尺寸线之间应留有适当间距,以便注写尺寸数字,一般尺寸线之间的距离为 7～10mm,但最里面一道尺寸界线应距离图形最外轮廓线 10～15mm。

内部尺寸反映房屋中房间室内的净空大小和室内门窗洞、孔洞、墙厚和固定设备的大小和位置,以及室内楼地面的标高等。本图中将底层地面的高度定为相对标高的零点,±0.000,走廊以及室外台阶平台的地面标高为 −0.020,表示该处地面比宿舍室内地面低 20mm,盥洗室的地面标高为 −0.050,表示该处地面比走廊室内地面低 30mm。可能有水

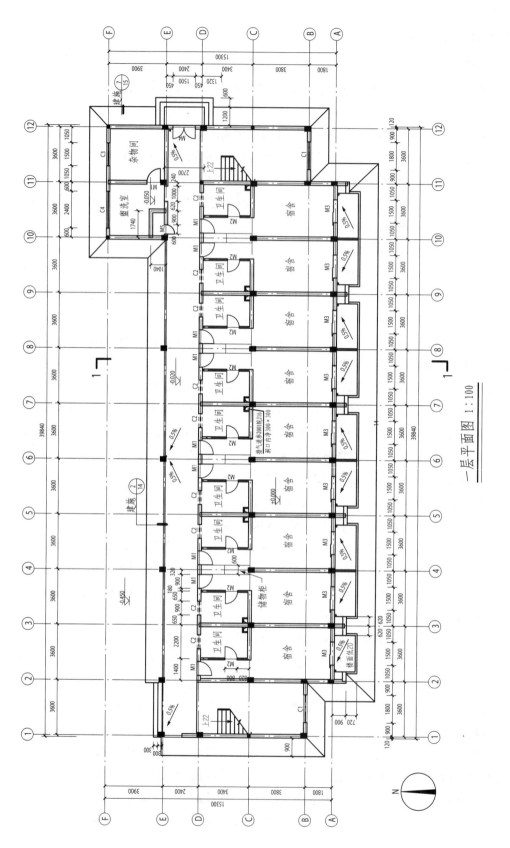

一层平面图 1:100

图6-3-2 一层平面图

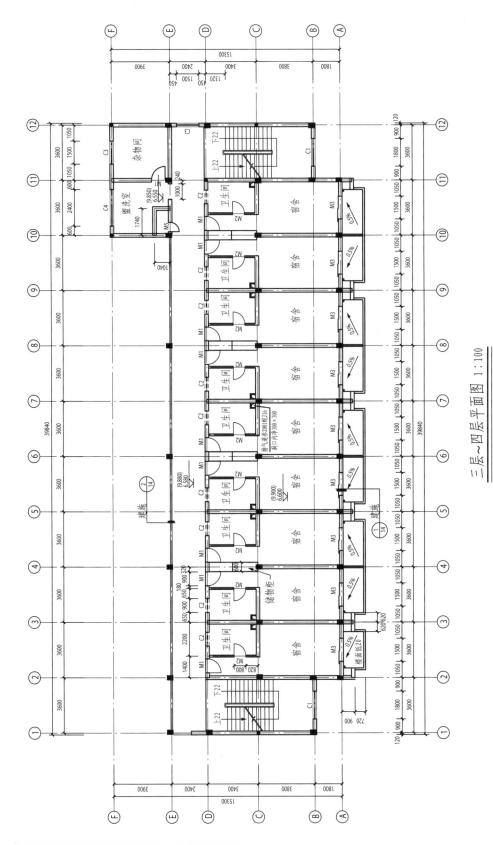

三层~四层平面图 1:100

图6-3-3 标准层平面图

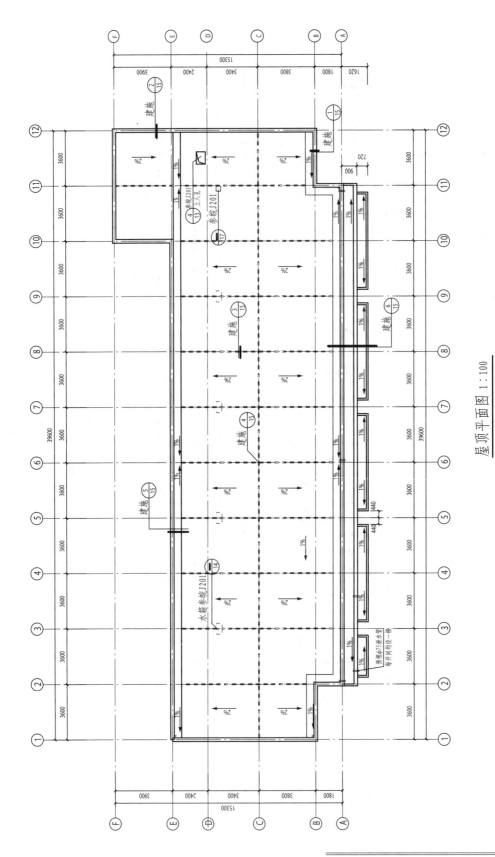

屋顶平面图 1：100

图6-3-4 屋顶平面图

的地方,比如厨房、卫生间、阳台、台阶等处,其标高一般比室内楼地面的标高低 20 ~50mm。

(7)在底层平面图中,还画出剖面图的剖切符号,以便于剖面图对照查阅。

(8)详图索引符号,表示该部分将用较大的比例另画详图。

该建筑的其他平面图分别见书后附图。

单元四　建筑立面图

一、形成及作用

1. 形　成

在与房屋立面平行的投影面上所作的房屋正投影图,称为建筑立面图,简称立面图。

2. 用　途

直接表现立面的艺术处理、外部装修、立面造型,屋顶、门、窗、雨篷、阳台、台阶、勒脚的位置和形式。

二、命名方式

1. 按主要立面

建筑物一般有四个或更多个立面,相应应有多个立面图。

正立面图——反映主要出入口或比较显著地反映出房屋外貌特征的那一面的立面图。

背立面图——与正立面相对的立面图。

左侧立面图——站在看正立面的位置,左手侧的立面图。

右侧立面图——站在看正立面的位置,右手侧的立面图。

2. 按房屋的朝向

依据指北针可以判断东、南、西、北。

南立面图——面向南面的立面图;

北立面图——面向北面的立面图;

东立面图——面向东面的立面图;

西立面图——面向西面的立面图。

3. 按轴线编号

最常用,最合理。

一般有定位轴线的建筑物,宜根据立面图两端的轴线编号来为立面图命名,如①～⑩立面图。如图 6-3-5 所示。

特殊情况,房屋左右对称时,可以把两个立面图(正立面图和背立面图)合成一图,中间画出对称符合,每一部分图样的下面写上各自的图名。如果房屋的立面有一部分不平行于投影面,可以将该部分展开到与投影面平行的位置,再用正投影法画出其立面图,在图名后应注写"展开"字样。由于比例较小,立面图中许多细部,如门窗等,往往只用图例表示。

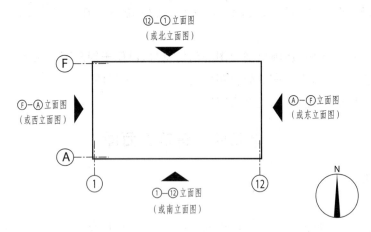

图 6-3-5 建筑立面图的投影方向与名称

立面图的数量:如果两个侧立面造型不同,则房屋的四个立面都画,若两侧面相同,则画三个立面图(正立面、背立面、左侧立面)。

画立面图时,只将各个立面所看到的内容画出,房屋内部的各构造不画。

三、图示内容

(1)图名、比例:立面图常用的比例为 1:50、1:100、1:200,通常采用与平面图相同的比例;

(2)立面图两端的定位轴线及其编号;

(3)外貌:房屋在室外地坪线以上的外貌形式,了解门、窗的形状和位置及其开启方式,了解屋顶、雨篷、阳台、台阶、勒脚等构配件的位置和形式;

(4)用文字或图例说明外墙面、阳台、雨篷、窗台、勒脚和墙面分格线等的装修材料、色彩和做法;

(5)外墙各主要部分的标高,如室外地面、台阶、阳台、门窗顶、檐口、屋顶等处完成面的标高,以及必须标注的局部尺寸。

四、线 型

为了图面的美观,立面图中对各部分的线型做了相应的规定:

(1)特粗实线 1.4b:地坪线(室外地坪)(为粗实线的两倍);

(2)中实线 0.5b:相对外墙面来说,有凹凸的部位都采用中实线(如门、窗最外框线、窗台、遮阳板、檐口、阳台、雨篷、台阶、花池的轮廓线,或外凸于墙面的柱子);

(3)细实线 0.25b:细部分格线(如门、窗的分格线、墙面的分格线、雨水管、标高符合线、其他的引出线);

(4)细单点长划线:轴线。

五、立面图的阅读与绘制

(1)立面图的阅读;

（2）对应平面图阅读，查阅立面图与平面图的关系，了解立面图的观察方位；

（3）了解建筑物的外部形状；

（4）查看各立面上的建筑构件，如门窗、檐口、阳台等，需要结合建筑平面图对照识读，熟悉建筑构件的形状及布置情况；

（5）查阅外墙面各细部的装修做法，如门廊、窗台、粉刷分格线、檐口等，需要结合建筑详图识读，才能明确构造做法；

（6）查阅建筑图各部分的标高及相应的尺寸；明确主要建筑构件的标高情况，了解建筑物的总高度；

（7）查阅建筑各外立面的装饰要求说明，熟悉外立面装饰材料、色彩等做法；

（8）立面图的绘制：绘制建筑立面图与绘制建筑平面图一样，也是先选定比例和图幅，绘图稿、铅笔加深三个阶段。

步骤：

（1）画出室外地坪、最外墙体定位轴线、外墙轮廓和屋面线；

（2）画门、窗位置，画细部构造（檐口、门窗洞口、窗台、雨篷、阳台、雨水管、梁、柱、花池、台阶等）；

（3）检查无误后，擦去多余的线，画出少量门窗的分格线、墙面的分格线、装饰线，然后加深图样；

（4）标高标注、轴线、图名、比例及相关说明。

六、图示实例

现以图6-3-6所示的北立面图为例，说明立面图所表达的内容和图示要求。

（1）从立面图两端的轴线编号结合底层平面图可知，该图是表示房屋的北向立面图，比例与平面图一致，为1：100。

（2）从图中可知该建筑的外部造型和细部形状。如主要出入口位于建筑的北向，入口上方设有雨篷，有三级室外台阶连接建筑内外高差。入口紧连接着楼梯间，上行楼梯梯段在该投影面完整表达。楼层由外走廊进行交通联系，每个宿舍入户门和卫生间高窗的位置和形式按照国标要求表达，门窗立面图例上的斜线为开启方向线，交角一侧为门窗扇固定的位向，实线表示外开，虚线表示内开。

（3）从图中所标注的标高可知，室外地面的标高为－0.450，女儿墙顶面标高为17.250，所以该建筑的外墙总高度为17.700m。另标注有每一层的层高3.300m。

标高一般标注在图形外，并做到符号排列整齐，大小一致。若房屋立面左右对称时，一般标注在左侧，不对称时左右两侧均应标注，必要时，标高也可标注在图中。

（4）从图中可知，房屋外墙面装修材料、色彩及做法，一般用文字注写加以说明。

该建筑的另外三个立面分别如图6-3-7、图6-3-8所示。

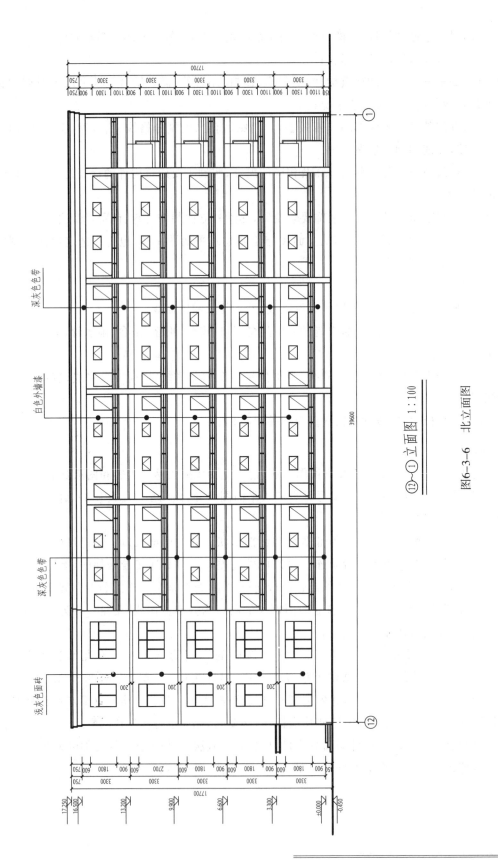

⑫～① 立面图 1:100

图6-3-6 北立面图

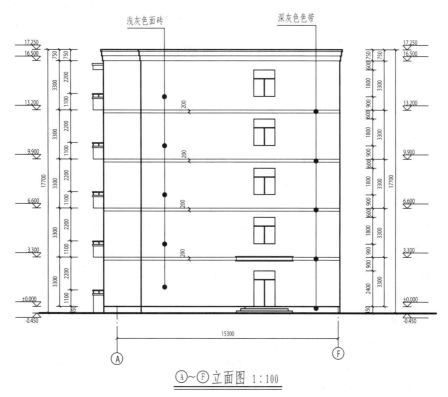

浅灰色面砖　　　深灰色色带

Ⓐ～Ⓕ立面图 1：100

图 6-3-7　东立面图

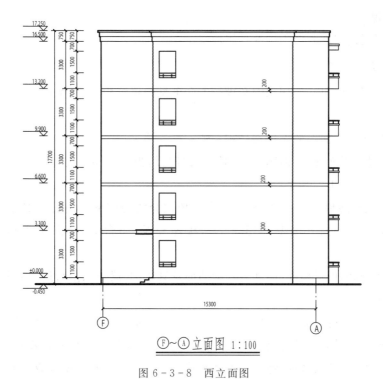

Ⓕ～Ⓐ立面图 1：100

图 6-3-8　西立面图

模块六　房屋建筑图

单元五　建筑剖面图

一、形成及作用

1. 形　成

假想用一个或多个垂直于外墙轴线的铅垂剖切面将房屋剖开,所得的投影图称为建筑剖面图,简称剖面图。是建筑的垂直剖面图。

2. 用　途

用来表示房屋内部的结构形式、构造方式、分层情况、各部位的联系及其高度、材料、做法等,在施工过程中,建筑剖面图是进行分层、砌筑内墙、铺设楼板、屋面板以及楼梯等工作的重要依据。建筑平、立、剖面图相互配合,表示建筑全局,是施工图中不可缺少的重要图样之一。

3. 剖切原则

应根据图样的用途和设计深度,在平面图上选择能反映构造特征以及具有代表性或有变化的部位剖切。剖切面一般选在过门窗洞口、楼梯间、房屋构造复杂与典型的部位;对于多层建筑,一般选在楼梯间、层高不同、层数不同的部位。

剖切面一般横向(即平行于侧面)必要时也可纵向,即平行于正面。

4. 数　量

依据房屋复杂程度和施工情况具体确定。

二、图示内容

建筑剖面图内应包括剖切到的和投影方向可见的建筑构造、构配件以及必要的尺寸和标高等。

(1)图名:要与平面图的剖切编号相一致;

比例:一般与平面图、立面图采用相同的比例,但为了将图示内容表达的更清楚,也可采用较大的比例,如1:50。

(2)各定位轴线墙、柱,沿墙、柱从下向上依次介绍各被剖切到的构配件,如室内外地面、各层楼面、屋顶、内外墙及其门窗、梁、楼梯梯段、阳台等,一般不表达地面以下的基础。

(3)未剖切到的可见构配件,如看到的墙面及其轮廓、梁、柱、阳台以及看到的楼梯梯段和各种装饰等。

(4)表示房屋高度方向的尺寸和标高。尺寸主要标注室内外各部分的高度尺寸,包括室内外地坪至建筑最高点的总高度、各层层高、门窗洞口高度及其他必要的尺寸。标高主要标注室内外地面、各层楼面、地下层地面与楼梯休息平台、阳台、檐口或女儿墙顶面、高出屋面的楼梯间顶面、电梯间顶面等处的标高。

（5）详图的索引符号。

三、线　型

（1）粗实线 b：剖到构件的轮廓线；

（2）细实线 0.25b：未剖到的可见轮廓线、标高符号线；

（3）点划线：轴线；

（4）特粗实线 1.4b：室内外地坪线。

对于钢筋混凝土材料，剖断面涂黑表示；对于砖材，空白表示。

四、剖面图的阅读和绘制

1. 剖面图的阅读

（1）结合底层平面图阅读，对应平面图和剖面图的相互关系，建立建筑内部的空间概念；

（2）结合建筑平面图，进一步了解各楼层结构关系、建筑空间关系、功能关系；

（3）查阅各部位的高度，明确建筑物总高度、层数、各层层高、室内外高差；

（4）结合建筑设计和构造做法表（见书后附表）阅读，查阅地面、楼面、墙面、顶棚的装修做法；

（5）结合屋顶平面图阅读，了解屋面坡度、屋面防水、女儿墙泛水、屋面保温、隔热等的做法。

2. 剖面图的绘制

步骤：

（1）按比例画出定位线，室内外地坪线、楼面线和屋顶顶棚线；

（2）确定墙厚，楼层厚度，地面厚度；

（3）定门窗和楼梯的位置，画出细部结构（梁、板、台阶、雨篷、天沟檐口、屋面等），并擦去多余的线‘

（4）检查无误后，加深图样，画出材料图例‘

（5）标注标高、尺寸、轴线，填写图名、比例，书写文字说明。

五、图示实例

现以图 6-3-9 所示的 1—1 剖面图为例，说明剖面图所表达的内容和图示要求。

（1）从图名结合底层平面图中标注的剖切符号可知，1—1 剖面图是通过宿舍房间内部的房屋横向剖切图，投影方向为左，比例为 1：100。

（2）图中可以看出房屋的结构形式和构造方式、分层情况、各部位的联系及材料、做法等。该建筑由四层楼面将内部空间分成五层，水平方向有钢筋混凝土板和梁承重，竖直方向有钢筋混凝土柱承重。剖切到的外墙上有门 M1 和 M3，洞口上方均设有过梁。室内卫生间墙面上 M2 未被剖切，按照国标图例表达。走廊栏板被剖切到，钢筋混凝土栏板形式剖面图要求的形式表达出来。屋面坡度为 2％，女儿墙顶部有钢筋混凝土压顶。

（3）由图中的标高和尺寸标注可知该建筑各层的层高为 3.300m。由门窗洞口的标注可知 M1 门的高度为 2.4m。

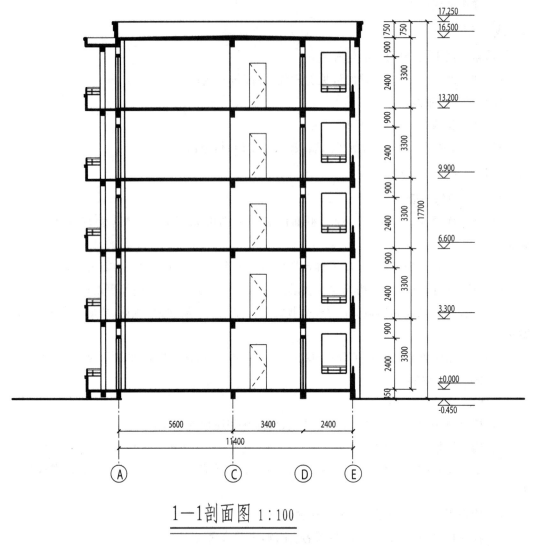

$$1-1剖面图\ 1:100$$

图 6-3-9　剖面图

单元六　建筑详图

一、概　述

(1)建筑详图:在施工图纸中,对房屋的细部或构配件用较大的比例(1:20、1:10、1:5等)将其形状、大小、材料和做法等,按正投影的方法,详细准确地绘制出的图样,称为建筑详图。详图也称为大样图或节点图。如图 6-3-10 所示。

(2)建筑详图是建筑平、立、剖面图的补充,是建筑局部放大的图样。详图的数量视需要而定,详图的表示方法,视细部构造的复杂程度而定。同时,详图必须绘出详图符号,应与被索引的图样上的索引符号相对应。

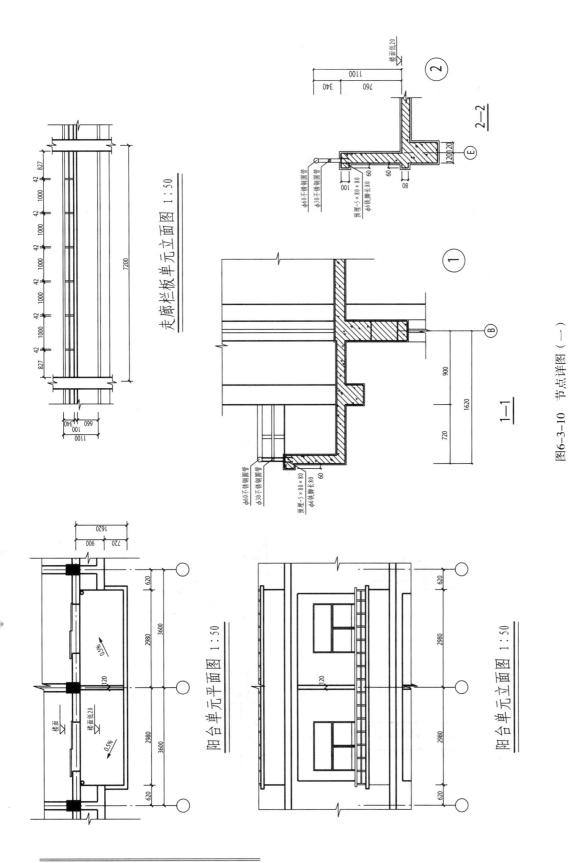

走廊栏板单元立面图 1：50

2—2

1—1

图6-3-10 节点详图（一）

阳台单元平面图 1：50

阳台单元立面图 1：50

（3）详图的主要特点是能清晰表达所绘节点或构配件的较大比例绘制，尺寸标注齐全，文字说明详尽。

（4）建筑详图的画法和绘制步骤，与建筑平面图、立面图、剖面图的画法基本相同，仅是它们的一个局部而已。

二、图示要求

（1）详图索引符号（详见模块六项目二施工图中常用的符号及标注方法）。

（2）多层构造说明：用引出线指向被说明的位置，引出线一端通过被引出的各构造层，在另一端画若干条与其垂直的横线，文字说明注写在该横线的上方或端部，说明的顺序由上到下，并与被说明的层次一致。

引出线应以细实线绘制，宜采用水平方向的直线，与水平方向成 30°、45°、60°、90° 的直线，或经上述角度再折为水平线。如图 6-3-11 所示。

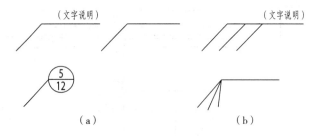

图 6-3-11　引出说明

多层构造或多层管道共用引出线，应通过被引出的各层。如图 6-3-12 所示。

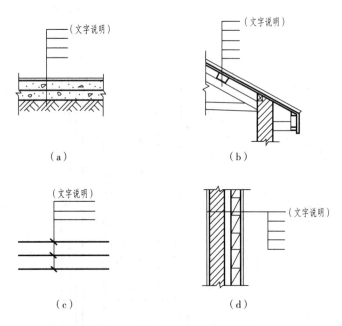

图 6-3-12　多层构造引出说明

三、楼梯详图

楼梯是联系房屋上下楼层交通的主用设施，由楼梯段、平台和栏杆（或栏板）组成。梯段包括踏步和梯斜梁，平台包括平台板和平台梁，踏步的水平面称为踏面，竖直面称为踢面。

楼梯详图主要表示楼梯的类型、结构形式、各部位的尺寸及做法，是楼梯施工放样的主要依据。一般包括楼梯平面图、楼梯剖面图及踏步、栏杆详图等。其中楼梯平面图和剖面图的比例要一致，常用 1∶50。

楼梯详图的线性及表达方法与相应的建筑平面图和建筑剖面图相同。

下面介绍楼梯详图所表达的内容和图示要求。

1. 楼梯平面图

用一假象的水平剖切面沿窗台上方剖切，将剖切面以上的部分移去，对剖切面以下部分的楼梯间进行水平投影，得到的正投影图。它表明梯段的水平长度和宽度、各级踏面的宽度、休息平台的宽度和栏杆（或栏板）扶手的位置等的平面情况。

每层都应有一个平面图，对三层以上的建筑，若中间各层的楼梯形式、构造完全相同，可绘制一个标准层，但标准层平面图上应以括号的形式加注省略各层相应部位的标高。

剖切平面位置除顶层在栏杆（或栏板）扶手以上外，其余各层均在该层上行第一跑楼梯平台下。

各层被剖切的梯段，剖切处应按国标规定，在平面图中用一根 45°折断线表示。并用箭头配合文字"上"或"下"表示楼梯的上行或下行方向，同时注明该梯段的踏步级数。如图 6-3-13 中所表示的"上 22"表示从该层往上经过 22 个踏步级可到达上一层，"下 22"表示从该层往下经过 22 个踏步级可到达下一层。

底层平面图只有一个被剖切的梯段及栏板，梯段处注有"上 22"字的长箭头。顶层平面图没有剖切到梯段及栏板，因此可以看到两段完整的梯段及栏杆投影，图中还表明顶层护栏的位置，梯段处只有一个注有"下 22"的长箭头。中间层平面图既有被剖切到的上行梯段（注有"上 22"字的长箭头），也有被剖切到的下行梯段（注有"下 22"字的长箭头），休息平台及平台往下走的梯段，被剖切到的上行梯段和剖开后看到的下行梯段之间以 45°折断线为界。

各层楼梯平面图中应标注楼梯间的轴线及其编号，底层平面图中还应标注楼梯剖面图的剖切位置及剖视方向。

楼梯平面图中的尺寸标注，应标注出楼梯轴线间尺寸、梯段的定位及宽度、踏步宽度、休息平台的宽度和栏杆（或栏板）扶手的位置以及平面图上应标注的其他尺寸。如图 6-3-13 中轴线间尺寸为 3600 表示楼梯间的开间；休息平台宽度 2400，梯段宽度为 1725（含扶手宽 60），梯井宽 150；图中 10×300＝3000 表示踏面数×踏面宽＝梯段长度。

在楼梯平面图中画出的踏步数总比踏步级数少一个，因为总有一个他们借助了楼地面或休息平台面。

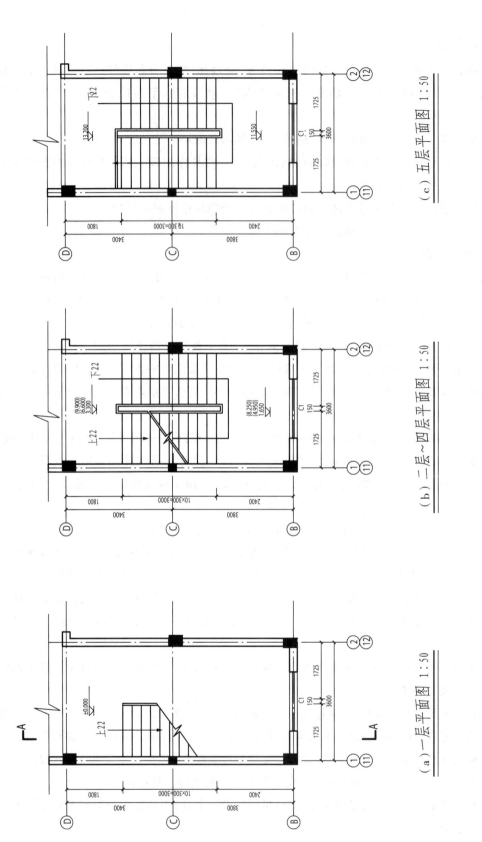

图6-3-13 楼梯平面图

建筑工程制图与识图

楼梯平面图中的标高，一般应注明地面、各层楼面及休息平台的标高，如图中的±0.000、3.300、1.650等。

2. 楼梯剖面图

用一假想的铅垂剖切面沿梯段长度方向，通常通过第一跑梯段和门窗洞口，将楼梯间剖开，向未剖到的梯段方向投影，所得到的剖面图即为楼梯剖面图。楼梯剖面图能清晰完整的反映楼层、梯段、平台、栏杆等构造及其之间的关系。

在楼梯剖面图中，若中间各层的楼梯构造完全相同时，楼梯剖面图可以只画出底层、中间层（标准层）和顶层的剖面，中间以折断线断开，但应在中间层以括号的形式加注省略各层相应部位的标高。习惯上，若楼梯间的屋顶无特殊之处，一般可以折断不画。若被栏板遮挡而不可见时，其踏步可用虚线表示，也可不画，但应标注该梯段的踏步级数和高度尺寸。

如图 6-3-14 所示楼梯剖面图，表示了梯段的数量、踏步级数、休息平台的位置、楼梯类型及其结构形式。图中所示的楼梯为一个现浇钢筋混凝土双跑楼梯。楼梯剖面图中应标注出楼梯间的轴线及其编号，以及踏步、栏杆、扶手等详图的索引符号。

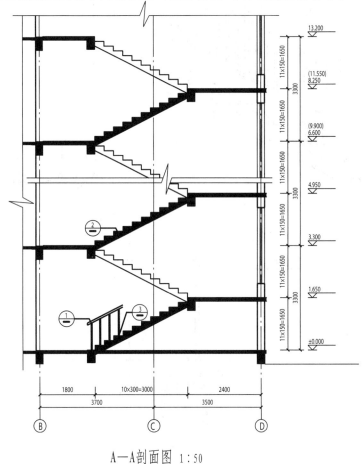

A—A剖面图 1:50

图 6-3-14　楼梯剖面图

楼梯剖面图中的尺寸标注主要有轴线间尺寸,梯段、踏步、平台等尺寸。如图中轴线尺寸4500,梯段高度方向尺寸用踏步级数×踢面高＝梯段高度(11×150＝1650)的方式标注,栏杆的高度尺寸为900,是指从踏面中间到扶手顶面的垂直高度为900mm。标高主要标注地面、各层楼面及休息平台等处的标高,如图6-3-14所示。

3. 楼梯节点详图

对于楼梯踏步、栏板、扶手等细部,可有更大的比例,另画出详图,如图6-3-15。表示它们的形式、大小、材料及构造等情况(索引符号和详图符号的对应)。

4. 阅读楼梯详图的方法和步骤

(1)查明轴线编号,了解楼梯在建筑中的平面位置和上下方向;

(2)查明楼梯各部位的尺寸;

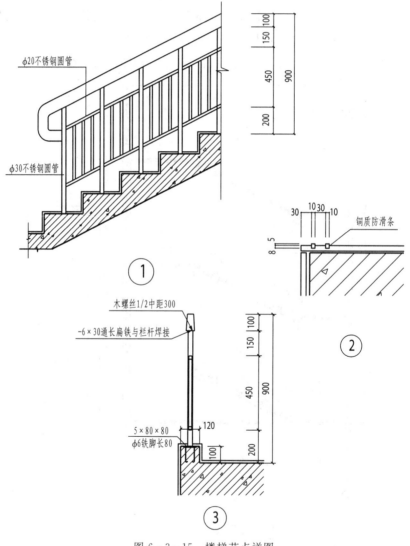

图6-3-15 楼梯节点详图

（3）阅读楼梯各部位的高度；

（4）弄清栏杆、扶手所用的建筑材料及连接做法；

（5）结合建筑设计说明，查明踏步、栏杆、扶手的装修方法。

5. 楼梯详图的画法

（1）平面图的画法

① 确定轴线（开间、进深）、平台宽度、梯段长度、梯井宽度；

② 画墙宽；

③ 根据阶数，用等分法将梯段长分成 $n-1$ 份，画出踏面的投影；

④ 画栏板、扶手、窗洞口的位置；

⑤ 检查、整理（箭头、折断线等）；

⑥ 加深图线；

⑦ 尺寸标注、标高标注、剖切符号（底层平面中）；

⑧ 图名、比例。

（2）剖面图的画法

① 定轴线、找室内外地坪、休息平台、楼面板的位置，找墙宽，确定梯段的起始位置；

② 画踏步的投影（网格法、斜线法）；

③ 画细部构件，如窗台、窗高、梁、板、栏杆、扶手、楼板厚、防潮层、散水等；

④ 检查、加深图线；

⑤ 标准尺寸、标高、详图索引符号；

⑥ 补充图名、比例。

参考文献

［1］王强,张小平 . 建筑工程制图与识图(第二版). 北京:机械工业出版社,2010.

［2］罗康贤 . 建筑工程制图与识图 . 广东:华南理工大学出版社,2008.

［3］何铭新,李怀健 . 画法几何及土木工程制图(第三版). 武汉:武汉工业大学出版社,2010.

［4］朱辉 . 画法几何及工程制图(第七版). 上海:上海科学技术出版社,2013.

［5］GB/T 50103—2010,总图制图标准 .

［6］GBT 50105—2010,建筑结构制图标准 .

［7］GB/T 50001—2010,房屋建筑制图统一标准 .

［8］唐克中,朱同钧 . 画法几何及工程制图(第四版). 北京:高等教育出版社,2009.

［9］褚振文 . 建筑识图入门(第三版). 北京:化学工业出版社,2013.

［10］白丽红 . 建筑工程制图与识图 . 北京:北京大学出版社,2009.

建筑设计总说明

一、设计依据
1. 本工程的建设审批单位对初步设计或方案设计的批复。
2. 城市建设规划管理部门对本工程初步设计或方案设计的审批意见。
3. 消防、人防、园林等有关主管部门对本工程初步设计或方案设计的审批意见。
4. 经批准的本工程初步设计或方案设计文件，建设方的意见。
5. 依据现行的国家主要建筑设计规范、规程和规定为：
   - 民用建筑设计通则-GB50352-2005
   - 建筑设计防火规范-GB50016-2006
   - 建筑抗震设计规范-GBJ 50011-2008
   - 宿舍建筑设计规范- JGJ 36—2005
   - 屋面工程质量验收规程-GB 50207-2002
   - 公共建筑节能设计标准GB50189-2005
   - 《建筑工程建筑面积计算规范》GB/T 50353-2005
   - 现行的国家有关建筑设计规范、规程和规定。

二、工程概况
1. 本工程单位在用地范围内的位置见总平面图，本工程标高±0.000相当于黄海高程8.500。
2. 本工程为多层宿舍建筑，建筑类别为三类，耐火等级为二级。
3. 本工程房屋总高度为17.7m。
4. 抗震设防烈度为6度，有关抗震构造要求见结施说明。

三、综合说明
1. 本工程设计图纸所注尺寸：总平面图以"m"为单位，建施图尺寸以"mm"为单位，标高以"m"为单位。
2. 除图中注明外，台阶地面低于相应楼面20mm，厕所、阳台等积水楼地面低于相对楼面30mm。
3. 本图纸中细部节点以详图为准，比例与尺寸以尺寸为准。
4. 本工程采用材料规格及施工要求等除注明者外，其余均按现行建筑安装工程施工及验收规范执行。
5. 本工程各种图纸应相互配合施工，如发现矛盾及时与设计人员联系解决。
6. 土建施工中水、暖、电等预留管线和预埋铁件等必须事先预埋，同步进行。各设备专业的预留洞未经设计单位许可，不得事后凿洞，以确保工程质量。
7. 建筑面积为2655m²。

四、统一措施
1. 屋面：（1）图上所示屋面标高（除注明外）系指结构屋面标高。
         （2）凡钢筋混凝土基层，若采用材料找坡，坡度为i=2%。
2. 平面：（1）门垛尺寸除注明外均为120mm，凡居开间中设置门或洞口在平面图中不再注明定位尺寸。
         （2）凡有积水楼地面，如卫生间、阳台等均应向地漏找坡，坡度0.5%。
3. 墙体：（1）柱面和门洞的阳角一律用1：2水泥砂浆粉刷做护角线，高度2100mm，每侧宽度为60mm。
         （2）门窗洞口靠柱边的墙垛尺寸小于240mm者均用C20素混凝土整体浇捣成型。
         （3）凡卫生间四周墙角均做200mm高素混凝土翻边，遇门断开。
         （4）墙体除注明外均为240mm厚，轴线居墙中。
         （5）无地下室部分墙体须在标高-0.060处做防潮层，做法为20mm厚1：2水泥砂浆掺5%防水剂。
         （6）本工程各楼墙外墙装饰线脚做法应与主体外墙一次浇捣成型后粉平。
4. 粉刷：外墙窗侧面、女儿墙顶面均应同墙面同质，窗顶、檐口、雨篷等挑出墙面部分均应做滴水线。
5. 排水：（1）屋面雨水管均为Ø75UPVC硬塑管，雨篷泄水管均为Ø50UPVC硬宿管，外伸100mm。
         （2）屋面雨水口加球形铸铁罩，平面卫生间布置详水施图。
6. 门窗：（1）门窗洞口尺寸及分格详施建图，制作时以实际尺寸为准，安装位置除注明者外，一般木门与开启方向墙面平，塑钢窗均居墙中。门窗装修五金零件，均应按预算定额配齐。
         （2）阳台塑钢门玻璃为6+5+6厚中空钢化玻璃，窗用6+5+6厚普通中空玻璃。所有塑钢窗均选用80系列，塑钢门均选用95系列。
         （3）窗均带纱，底层窗设防盗栅（甲方自理）。
7. 油漆：（1）硬木扶手为本色亚光漆一底二度，铸铁栏杆做防锈漆二度，花式栏杆由装修另定。
         （2）凡露明铁件均应刷红丹防锈漆二度底，铁件涂与墙同色调和漆。
         （3）凡与砖（混凝土）接触的木材表面均刷二道防腐漆。
         （4）外墙水落管面色同各楼墙体色彩。
8. 装修要求：本工程外装修采用的材料及色彩应先做样板，经设计、建设、施工三方共同协商确定后方可施工。
9. 其他：（1）预留Ø75UPVC空调洞，底距地高度2100mm。
10. 环境设计：本工程室外绿化环境由甲方委托进行专项环境设计。

×××建筑设计院	工种	审定	审核	项目负责人	校对	工种负责人	设计	图目	建筑设计总说明	图别	建筑施工图
	签名										
	日期									图号	1(1)

楼面、地面做法表（由上而下）

编号	工程名称	做法说明	适用部位
地1	细石混凝土地面	100厚C20细石混凝土加水泥砂浆层（随捣随抹平） 100厚C15混凝土垫层 80厚碎石压实 素土夯实	地面
楼1	水泥砂浆楼面	15厚1：2水泥砂浆找平层 防水涂料防水层，周边上翻200 20厚1：3水泥砂浆找平层 素水泥浆结合层 现浇钢筋混凝土板	卫生间楼面
楼2	细石混凝土楼面	30厚C20细石混凝土随捣随抹 纯水泥砂浆一道 现浇钢筋混凝土板	其余楼面

顶棚装修表（由内至外）

编号	工程名称	做法说明	适用部位
棚1	纸筋灰粉刷	7厚1：1：6水泥石灰砂浆加麻刀抹平 3厚细纸筋灰抹平 白色内墙涂料二度	楼梯间
棚2	水泥砂浆粉刷	7厚1：3水泥砂浆打底 3厚1：2水泥砂浆粉刷 白色外墙涂料二度	阳台、雨篷、檐沟底
棚3	纸筋灰粉刷	钢筋混凝土板底刷水泥砂浆一道 15厚聚苯颗粒保温砂浆 3厚抗裂砂浆（网格布）	其余房间顶棚

屋面防水做法表（由上而下）

编号	工程名称	做法说明	适用部位
屋1	非上人屋面	3厚JW-APP改性沥青防水卷材（带铝箔） 20厚1：3水泥砂浆找平层 40厚挤塑板保温层 20厚1：3水泥砂浆找平层 轻骨料混凝土2%找坡，最薄80厚，冷底子油二度隔汽 现浇钢筋混凝土板，表面1：3水泥砂浆抹平	平屋面
屋2	檐沟面雨篷面	3厚JW-APP改性沥青防水卷材（带铝箔） 20厚1：3水泥砂浆找平层 现浇钢筋混凝土板	檐沟、雨篷

内、外墙面做法表（由内至外）

编号	工程名称	做法说明	适用部位
内1	水泥砂浆墙面	12厚水泥砂浆底 8厚1：2水泥砂浆刮糙抹平	卫生间
内2	涂料墙面	14厚1：1：6水泥石灰砂浆分层抹平 6厚1：1：6水泥石灰砂浆光面 白色涂料一底二度	车库
内3	混合砂浆楼面	14厚1：1：6水泥石灰砂浆分层抹平 6厚1：1：6水泥石灰砂浆光面	其余内墙面
外1	外墙涂料面	12厚1：3水泥砂浆打底（混凝土面刷界面剂） 30厚聚苯颗粒保温浆料 3厚抗裂砂浆（网格布），弹性底漆，柔性腻子 外墙涂料一底二度	外墙面见立面
外2	面砖墙面	12厚1：3水泥砂浆打底 30厚聚苯颗粒保温砂浆，带镀锌钢丝网片 成品塑料锚固件 5厚抗裂砂浆（网格布） （专用粘合剂粘贴）面砖	外墙面见立面
外2	外墙涂料面	12厚1：3水泥砂浆打底（混凝土面刷界面剂） 8厚1：2水泥砂浆（掺水泥重量6%的VC防水神） 外墙涂料一底二度	阳台外立面柱、檐沟外立面

墙裙、踢脚做法表

编号	工程名称	做法说明	适用部位
裙1	水泥砂浆墙裙	10厚1：3水泥砂浆底 10厚1：2水泥砂浆粉面 900高暗墙裙	车库、杂物间
踢1	水泥砂浆踢脚	10厚1：3水泥砂浆底 10厚1：2水泥砂浆粉面 150高暗踢脚	房间、楼梯间

门窗表

名称	编号	洞口尺寸（mm）（宽×高）	数量	备注
门	M1	900×2400	50	胶合门
	M2	800×2100	45	胶合门
	M3	1500×2400	45	塑钢普通中空玻璃推拉门
	M4	1500×2400	1	无框不锈钢中空玻璃弹簧门
	M5	600×1800	5	胶合门
窗	C1	1800×2400	8	塑钢普通中空玻璃窗
	C2	900×600	45	塑钢普通中空玻璃高窗（距楼地面1800）
	C3	1500×1800	9	塑钢普通中空玻璃推拉窗
	C4	2400×1800	5	塑钢普通中空玻璃推拉窗

×××建筑设计院	工种	审定	审核	项目负责人	校对	工种负责人	设计	图目	构造做法 门窗表	图别	建筑施工图
	签名									图号	1（2）
	日期										

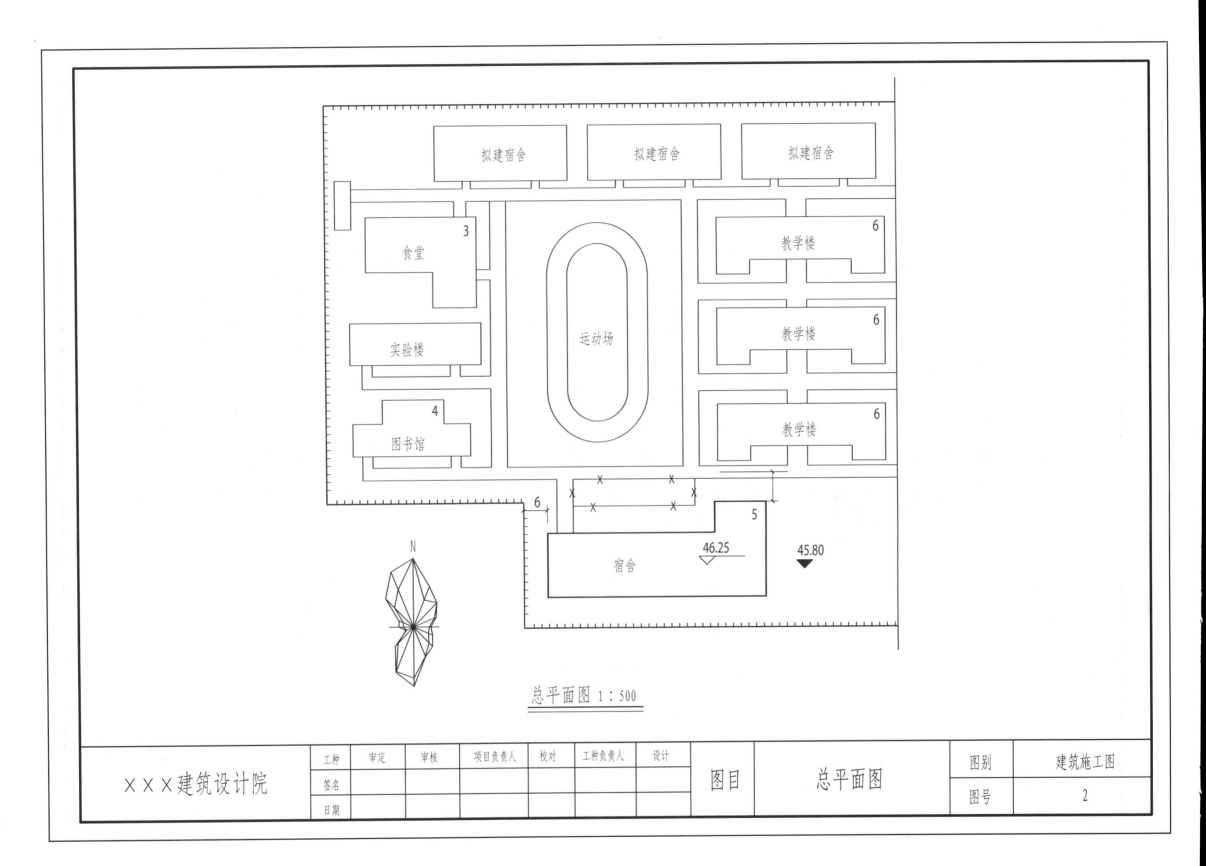

总平面图 1:500

XXX建筑设计院	工种	审定	审核	项目负责人	校对	工种负责人	设计	图目	总平面图	图别	建筑施工图
	签名									图号	2
	日期										

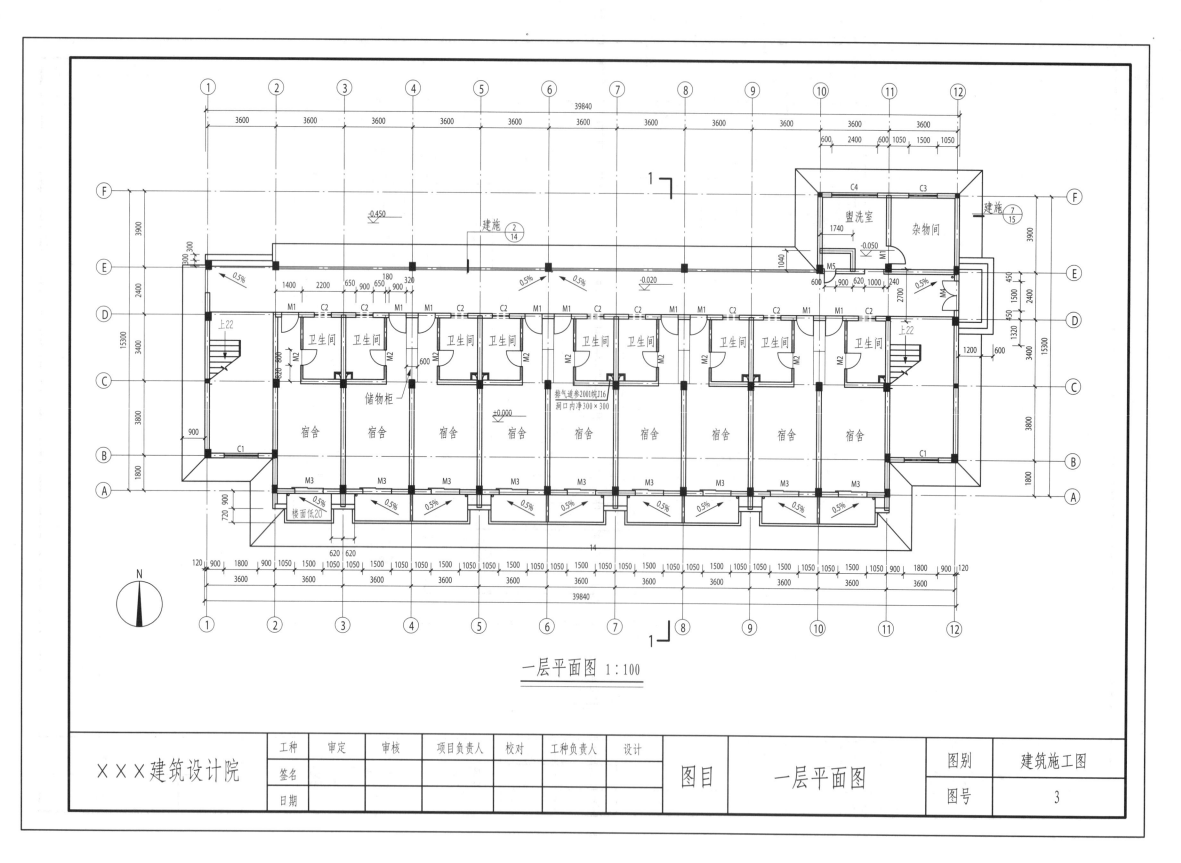

一层平面图 1:100

XXX建筑设计院	工种	审定	审核	项目负责人	校对	工种负责人	设计	图目	一层平面图	图别	建筑施工图
	签名									图号	3
	日期										

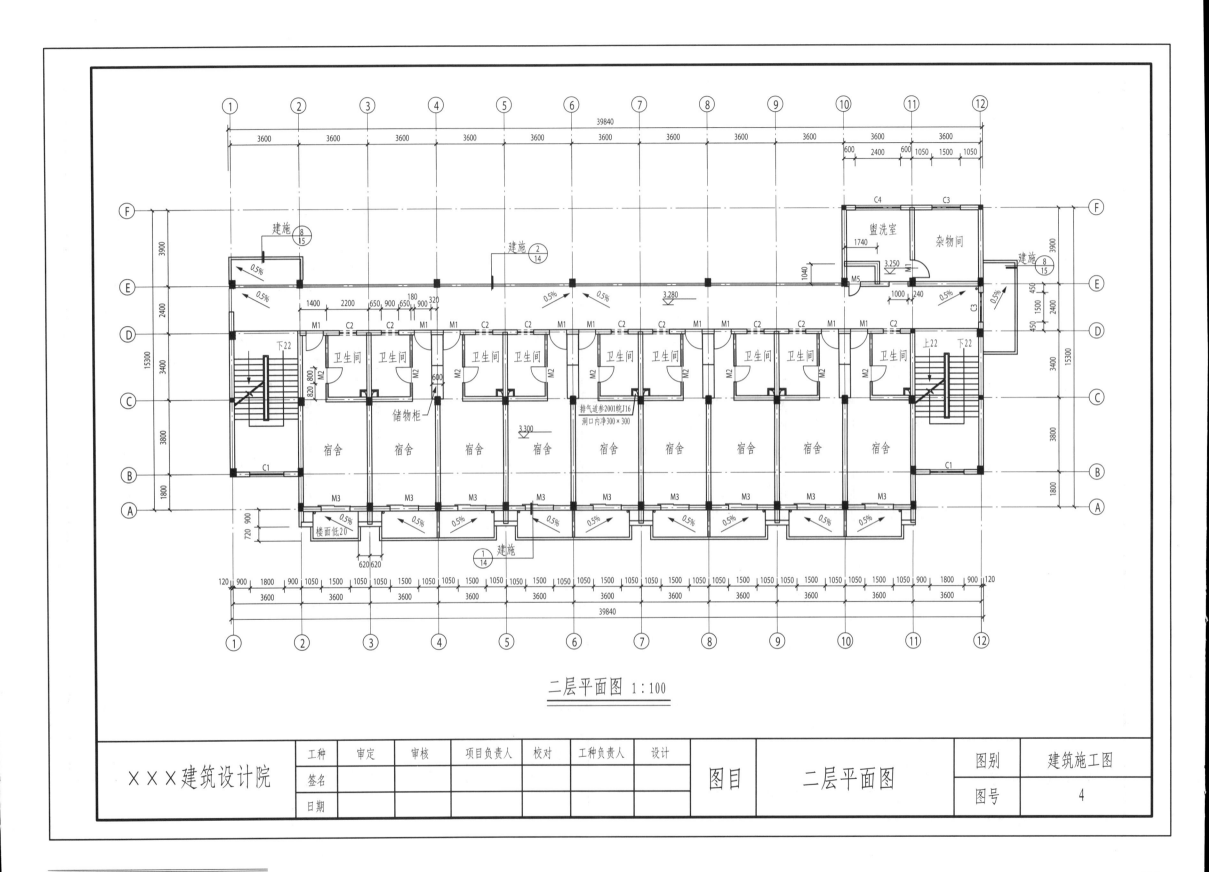

二层平面图 1:100

×××建筑设计院	工种	审定	审核	项目负责人	校对	工种负责人	设计	图目	二层平面图	图别	建筑施工图
	签名									图号	4
	日期										

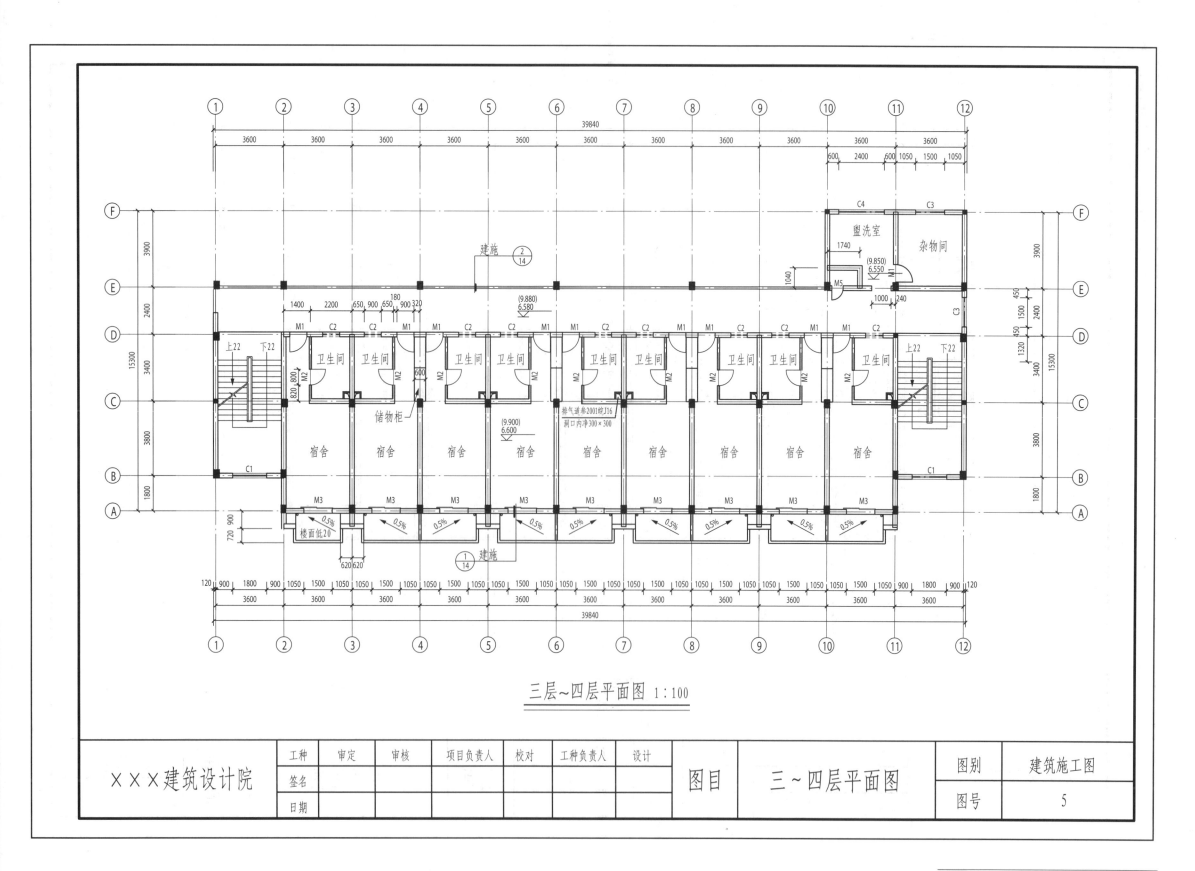

三层~四层平面图 1:100

XXX建筑设计院	工种	审定	审核	项目负责人	校对	工种负责人	设计	图目	三~四层平面图	图别	建筑施工图
	签名									图号	5
	日期										

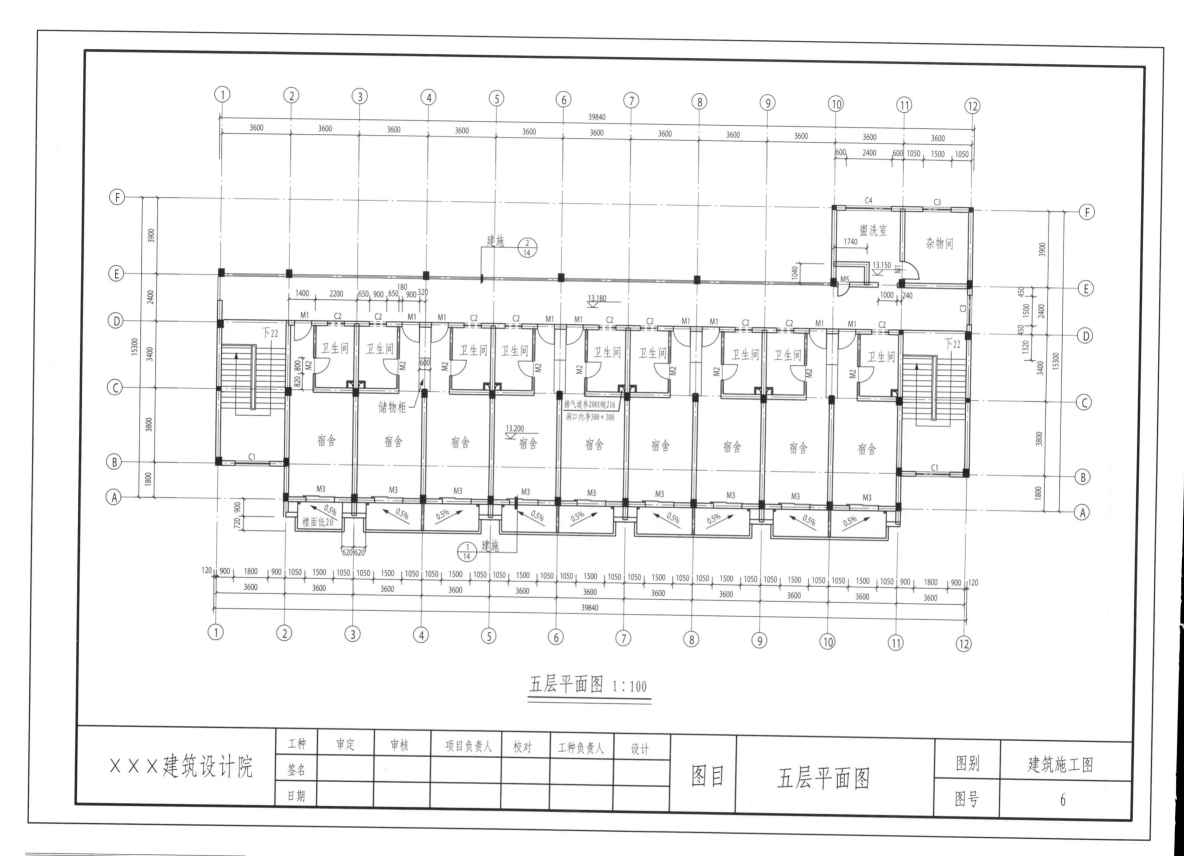

五层平面图 1:100

×××建筑设计院	工种	审定	审核	项目负责人	校对	工种负责人	设计	图目	五层平面图	图别	建筑施工图
	签名									图号	6
	日期										

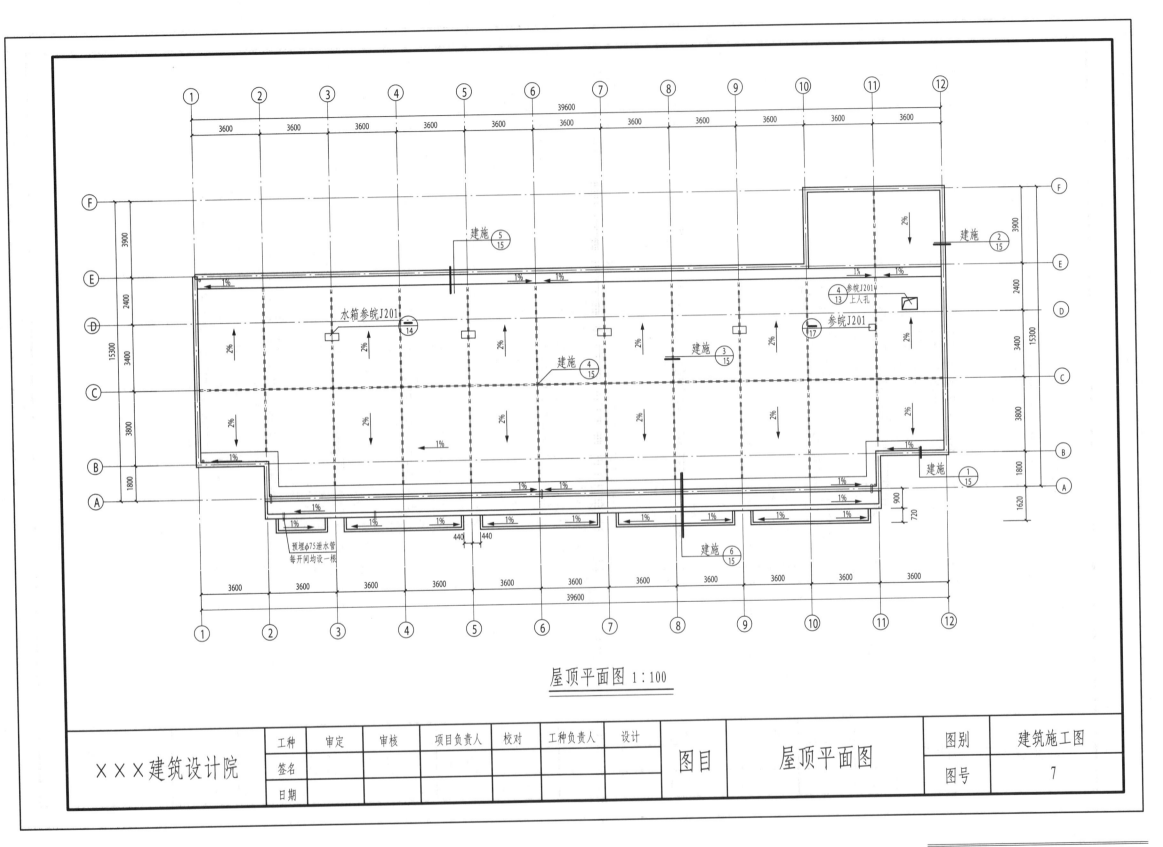

屋顶平面图 1:100

×××建筑设计院	工种	审定	审核	项目负责人	校对	工种负责人	设计	图目	屋顶平面图	图别	建筑施工图
	签名									图号	7
	日期										

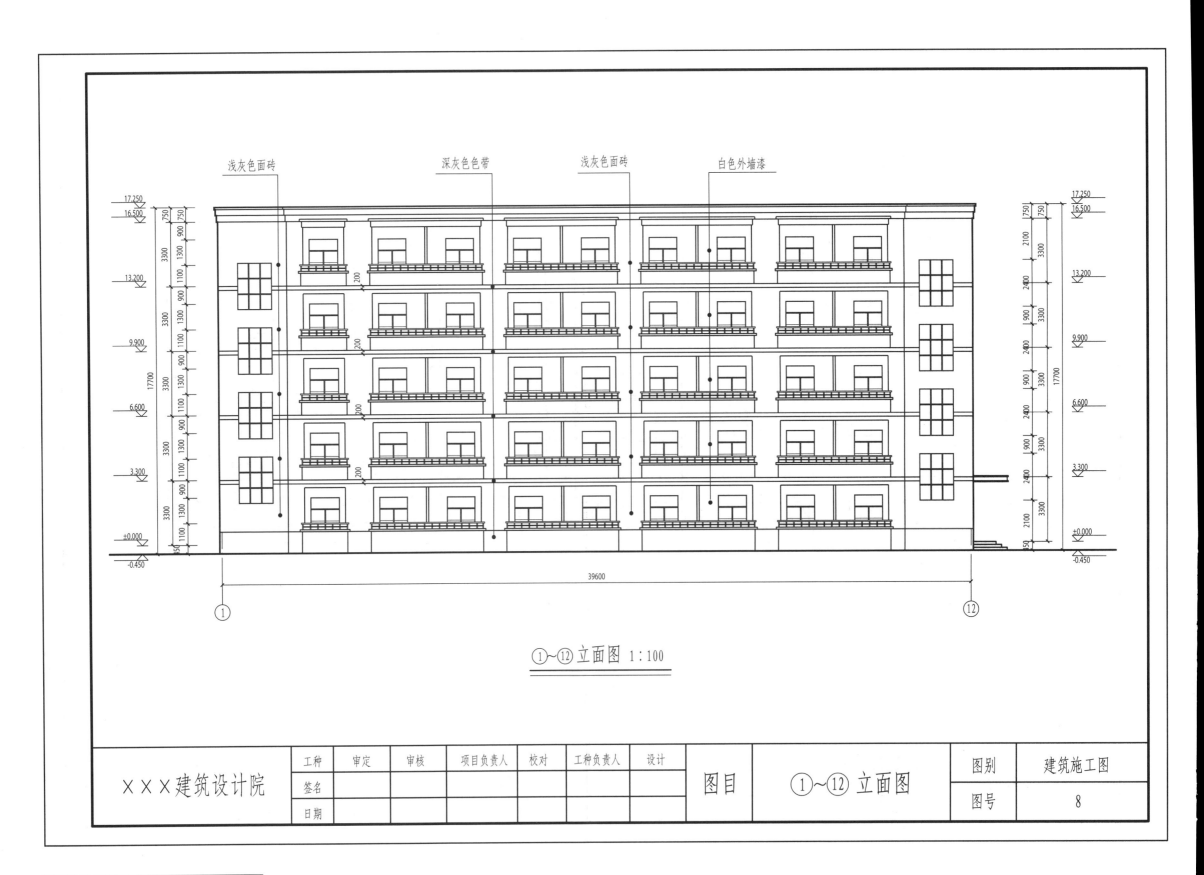

浅灰色面砖　　　　深灰色色带　　　浅灰色面砖　　　白色外墙漆

①～⑫立面图 1:100

×××建筑设计院	工种	审定	审核	项目负责人	校对	工种负责人	设计	图目	①～⑫立面图	图别	建筑施工图
	签名									图号	8
	日期										

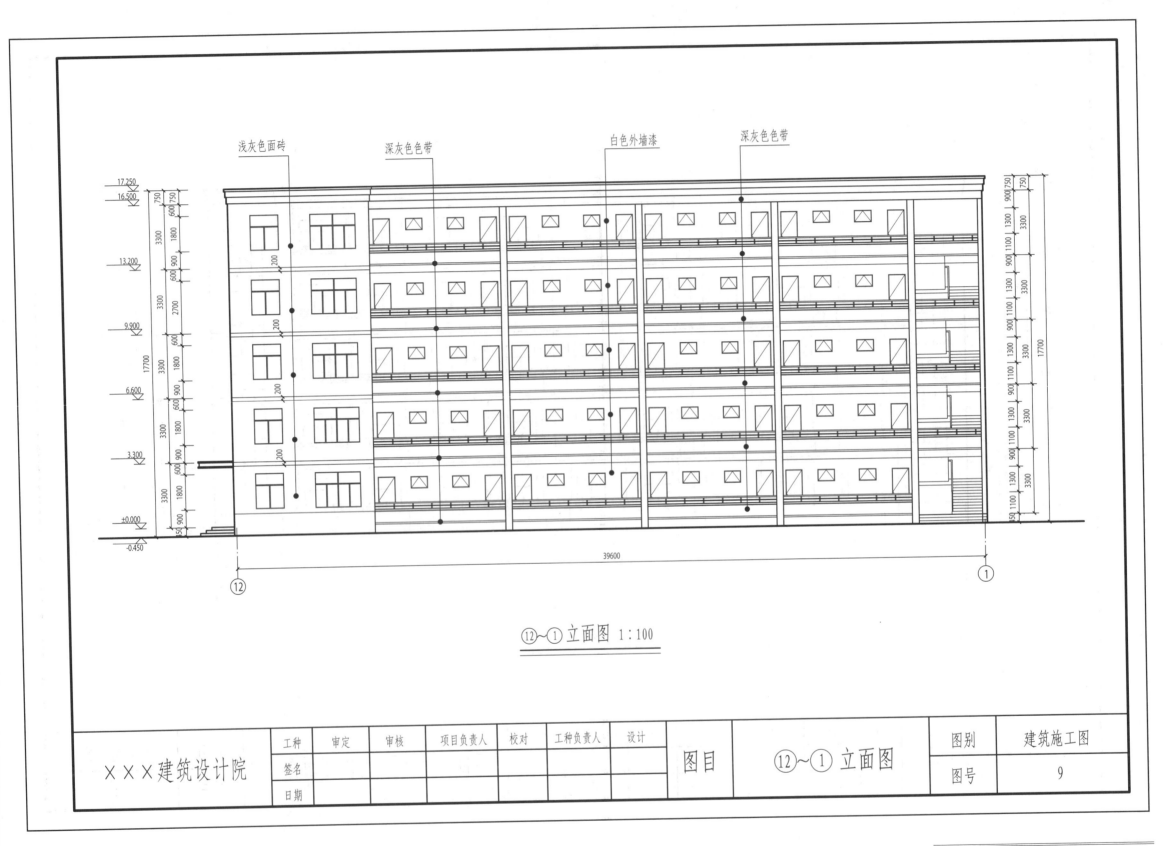

浅灰色面砖　　　深灰色色带　　　白色外墙漆　　　深灰色色带

⑫～① 立面图 1:100

×××建筑设计院	工种	审定	审核	项目负责人	校对	工种负责人	设计	图目	⑫～① 立面图	图别	建筑施工图
	签名									图号	9
	日期										

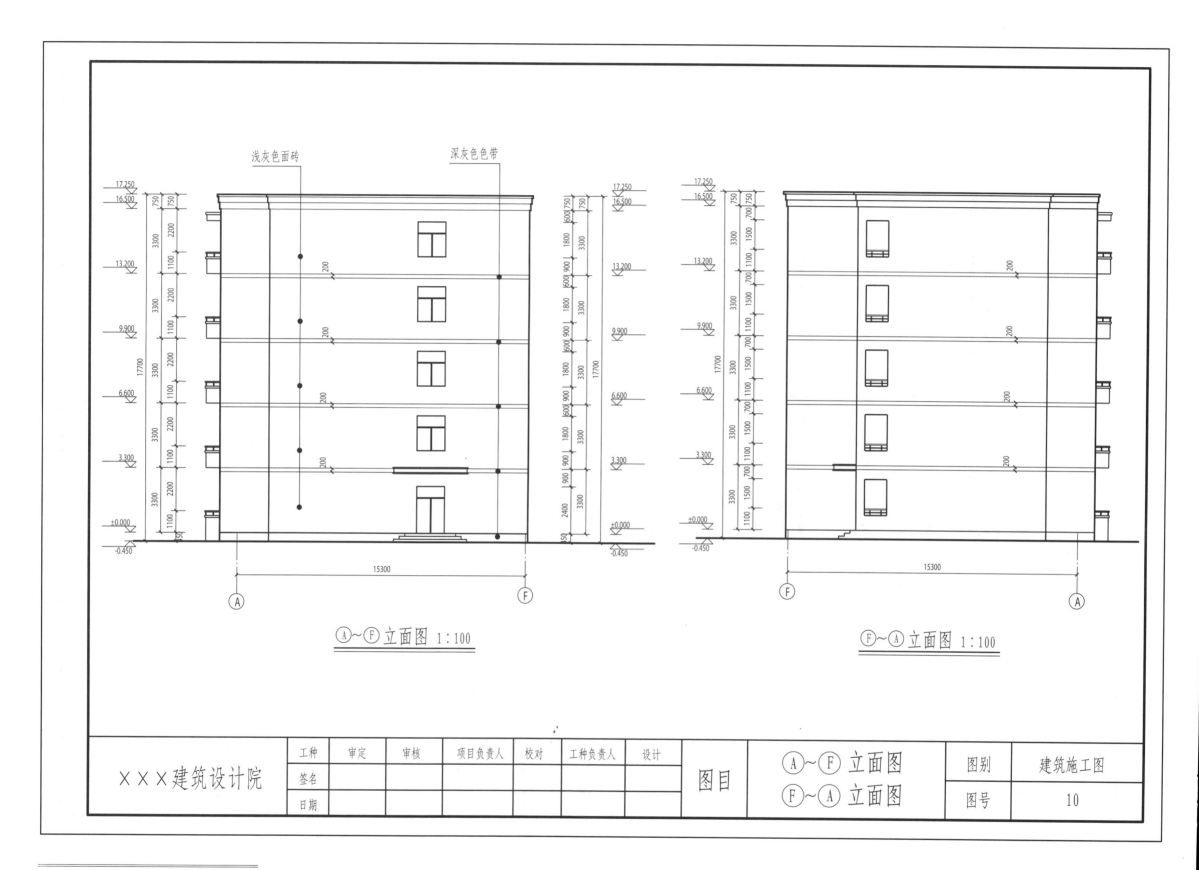

浅灰色面砖   深灰色色带

Ⓐ~Ⓕ立面图 1:100

Ⓕ~Ⓐ立面图 1:100

×××建筑设计院	工种	审定	审核	项目负责人	校对	工种负责人	设计	图目	Ⓐ~Ⓕ 立面图	图别	建筑施工图
	签名								Ⓕ~Ⓐ 立面图	图号	10
	日期										

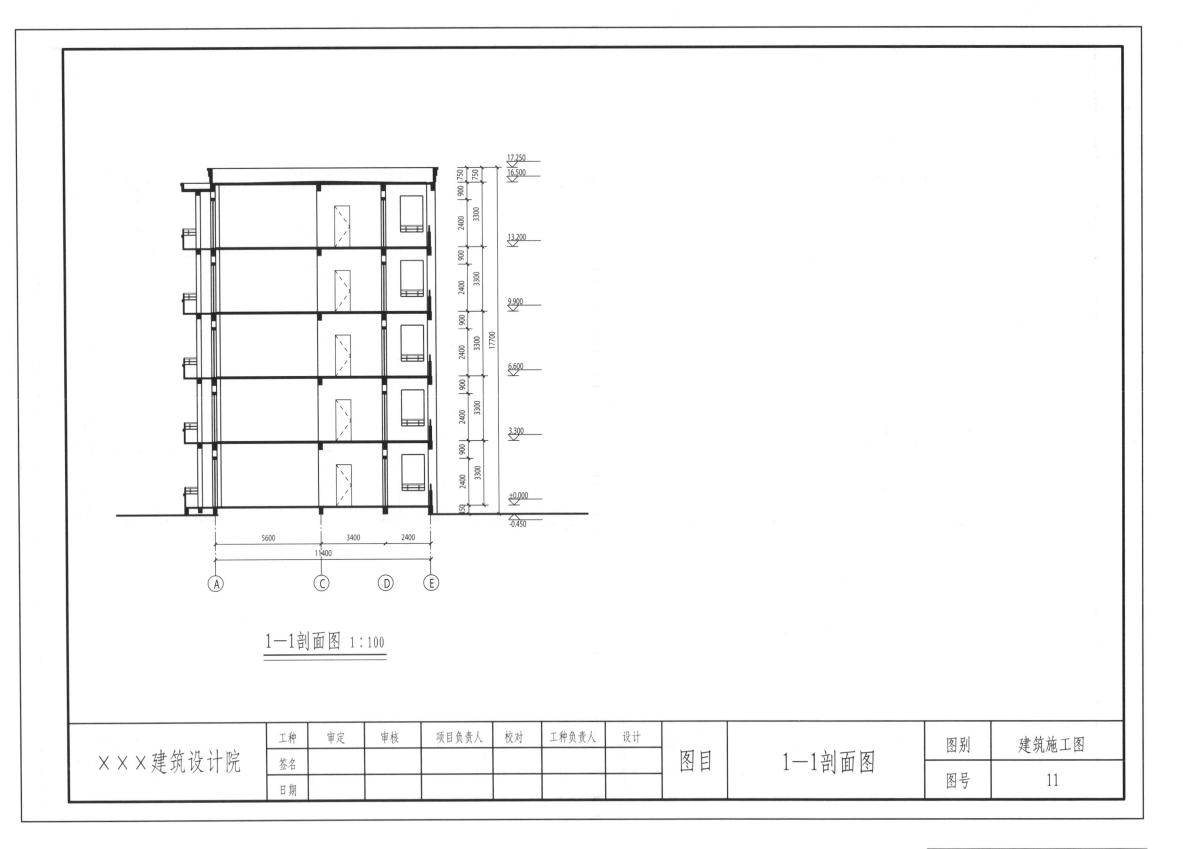

1—1剖面图 1:100

×××建筑设计院	工种	审定	审核	项目负责人	校对	工种负责人	设计	图目	1—1剖面图	图别	建筑施工图
	签名									图号	11
	日期										

建筑工程制图与识图

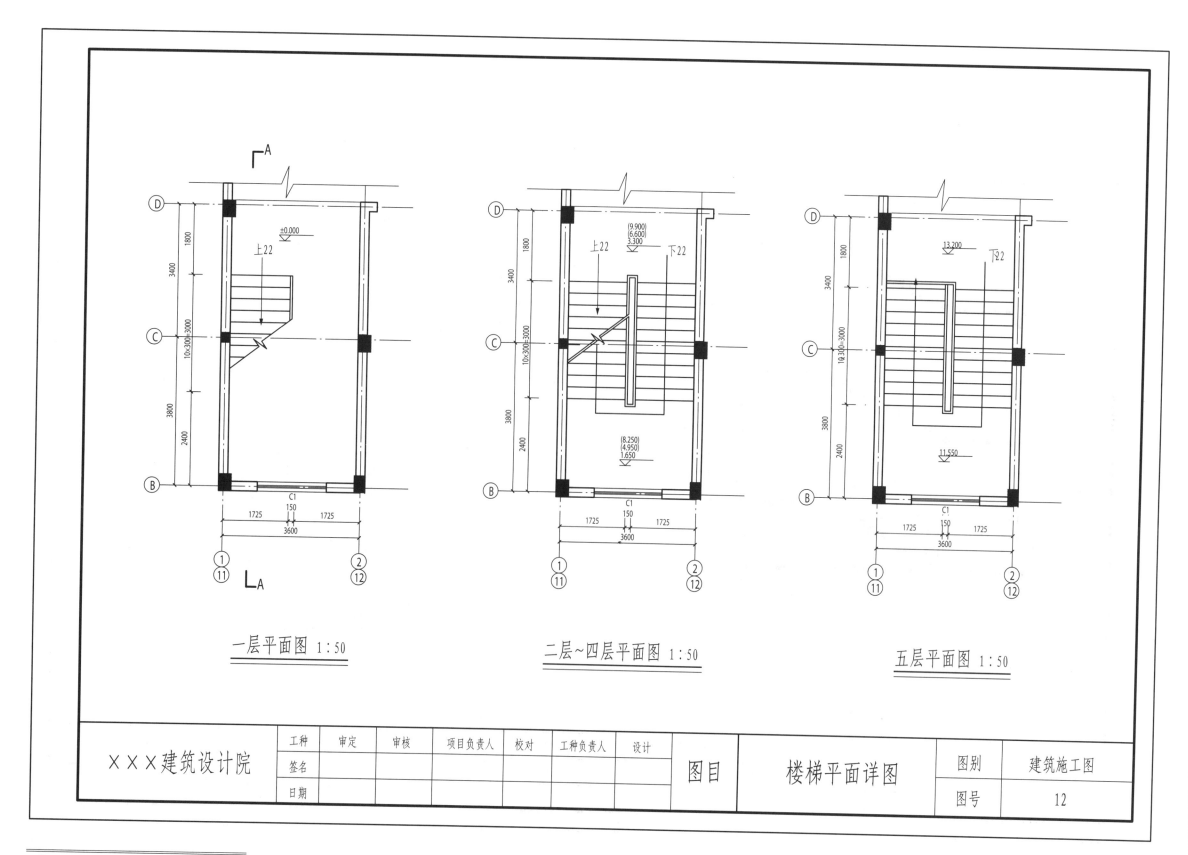

一层平面图 1:50

二层~四层平面图 1:50

五层平面图 1:50

XXX建筑设计院	工种	审定	审核	项目负责人	校对	工种负责人	设计	图目	楼梯平面详图	图别	建筑施工图
	签名									图号	12
	日期										

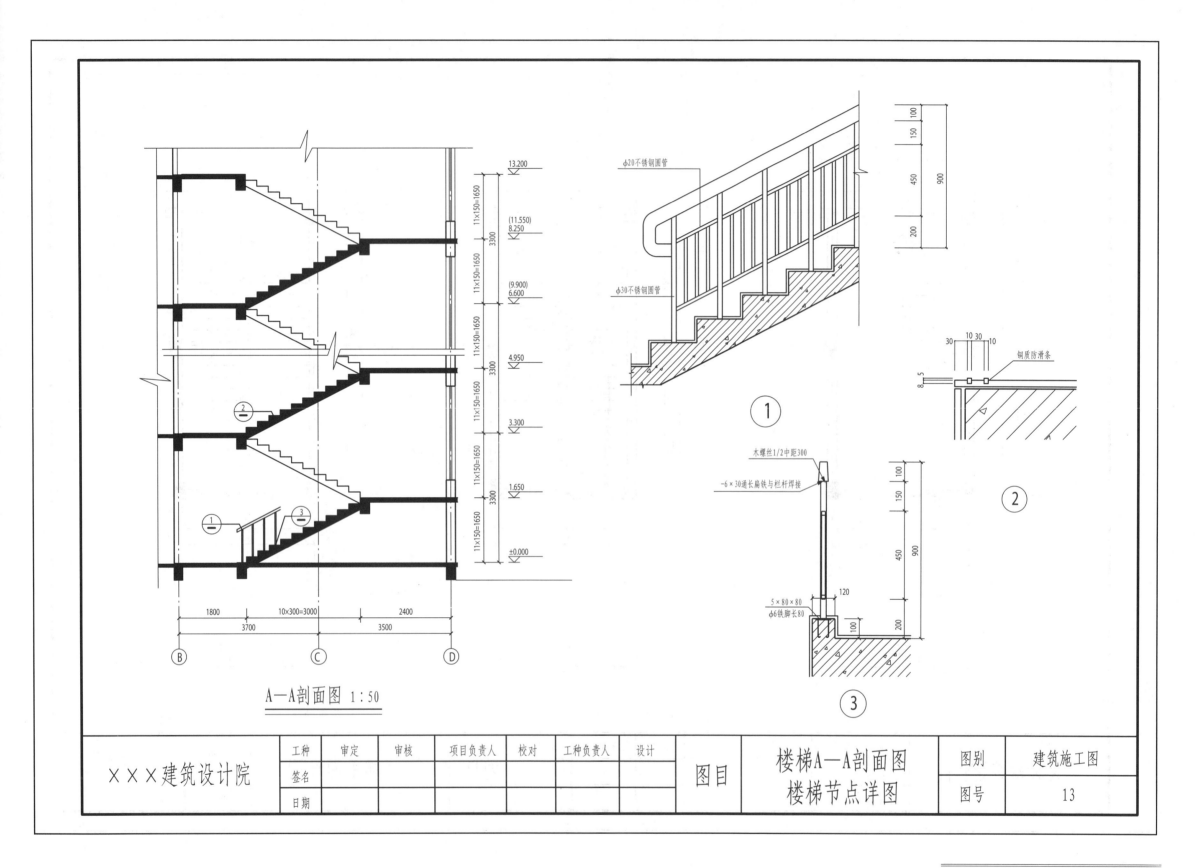

A—A剖面图 1:50

×××建筑设计院	工种	审定	审核	项目负责人	校对	工种负责人	设计	图目	楼梯A—A剖面图 楼梯节点详图	图别	建筑施工图
	签名									图号	13
	日期										

建筑工程制图与识图

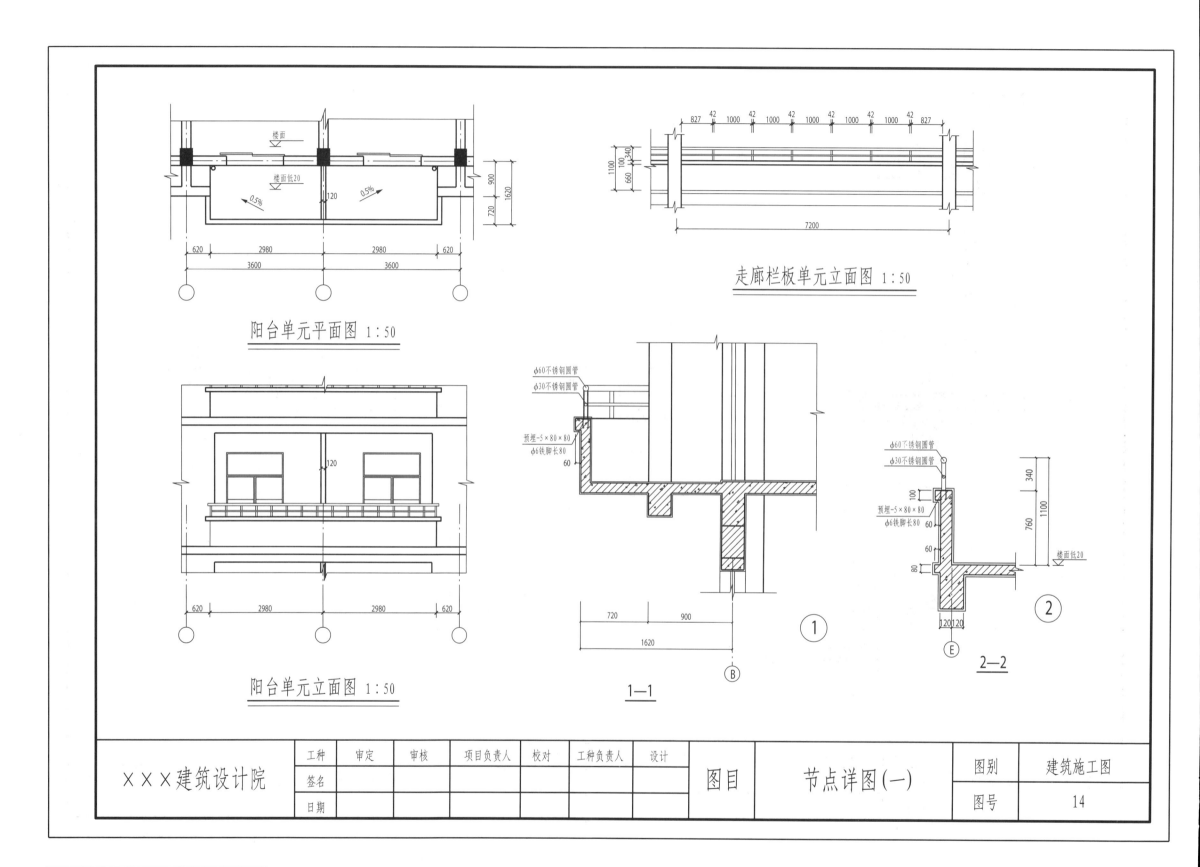

楼面

楼面低20

0.5% 0.5%

120

阳台单元平面图 1:50

走廊栏板单元立面图 1:50

φ60不锈钢圆管
φ30不锈钢圆管

预埋-5×80×80
φ6铁脚长80

120

阳台单元立面图 1:50

1—1

B

φ60不锈钢圆管
φ30不锈钢圆管

预埋-5×80×80
φ6铁脚长80

楼面低20

2—2

E

×××建筑设计院	工种	审定	审核	项目负责人	校对	工种负责人	设计	图目	节点详图(一)	图别	建筑施工图
	签名									图号	14
	日期										

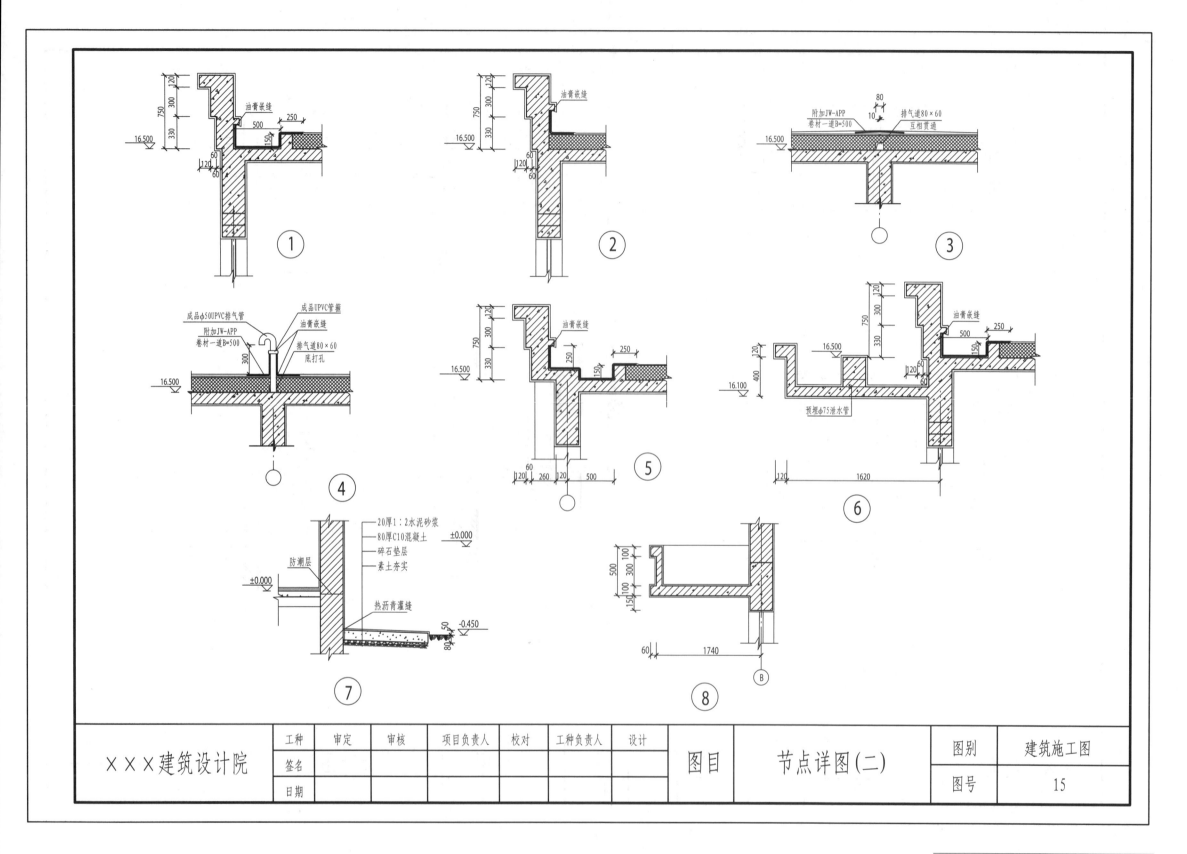

	工种	审定	审核	项目负责人	校对	工种负责人	设计			图别	建筑施工图
╳╳╳建筑设计院	签名							图目	节点详图(二)		
	日期									图号	15

建筑工程制图与识图